Hans Bürde

Getriebelehre mit dem Mikrocomputer (SHARP PC-1500A)

Anwendung von Mikrocomputern

Herausgegeben von Dr. Harald Schumny

Die Buchreihe behandelt Themen aus den vielfältigen Anwendungsbereichen des Mikrocomputers: Technik, Naturwissenschaften, Betriebswirtschaft. Jeder Band enthält die vollständige Lösung von Problemen, entweder in Form von Programmpaketen, die der Anwender komplett oder in Teilen als Unterprogramme verwenden kann, oder in Form einer Problemaufbereitung, die dem Benutzer bei der Software- und Hardware-Entwicklung hilft.

Band 1 **Digitale Regelung mit Mikroprozessoren**
von Norbert Hoffmann

Band 2 **Wahrscheinlichkeitsrechnung und Statistik**
von Dietmar Herrmann

Band 3 **Mathematische Routinen VC-20 (Elektrotechnik/Elektronik)**
von Ernst-Friedrich Reinking

Band 4 **Numerische Mathematik**
von Dietmar Herrmann

Band 5 **Textverarbeitung (TI-99/4A und VC-20)**
von Arnim und Ingeborg Tölke

Band 6 **Steuerberechnung mit dem Epson HX-20**
von Werner Grajewski und Eduard Sachtje

Band 7 **Getriebelehre mit dem Mikrocomputer (SHARP PC-1500A)**
von Hans Bürde

Band 8 **Dienstprogramme für VC-20, Commodore 64 und Executive SX 64**
von Ernst-Friedrich Reinking

Band 9 **Gelenkgetriebe-Konstruktion mit Kleinrechnern (HP Serie 40 und 80)**
von Kurt Hain und Harald Schumny

Band 10 **Angewandte Matrizenrechnung**
von Dietmar Herrmann

Anwendung von Mikrocomputern Band 7

Hans Bürde

Getriebelehre mit dem Mikrocomputer (SHARP PC-1500A)

mit einem Farbanhang

V

Springer Fachmedien Wiesbaden GmbH

Das in diesem Buch enthaltene Programm-Material ist mit keiner Verpflichtung oder Garantie irgendeiner Art verbunden. Der Autor übernimmt infolgedessen keine Verantwortung und wird keine daraus folgende oder sonstige Haftung übernehmen, die auf irgendeine Art aus der Benutzung dieses Programm-Materials oder Teilen davon entsteht.

Ursprünglich erschienen bei Friedr. Vieweg & Sohn Verlagsgesellschaft mbH, Braunschweig 1984

Umschlaggestaltung: P. Lenz, Wiesbaden
Satz: Vieweg, Braunschweig

ISBN 978-3-528-04283-7 ISBN 978-3-322-89717-6 (eBook)
DOI 10.1007/978-3-322-89717-6

Vorwort

In den letzten Jahren haben sich die programmierbaren Taschenrechner und Computer als nützliches Arbeitsgerät weitgehend in der Ingenieurausbildung durchgesetzt.

Diese Tatsache liefert für Teilgebiete der Getriebelehre eine Möglichkeit, von den oftmals umständlichen und zeitaufwendigen zeichnerischen Lösungsverfahren auf rechnerische überzugehen. Hierdurch werden sowohl die Übersichtlichkeit als auch vor allem die Genauigkeit erheblich verbessert. Insbesondere der Trend zu immer schneller laufenden Automaten erfordert als Konstruktionsgrundlage u.a. die Kenntnis der Beschleunigung einzelner Getriebeglieder für einen vollen Kurbelumlauf.

Um gute Lesbarkeit und praktische Nutzung zu erreichen, wurde der mathematische Aufwand möglichst gering und einfach gehalten.

Die Bezeichnung einzelner Getriebeglieder mußte, um Überschneidungen zu vermeiden, unüblich geändert werden. Bei den – in BASIC geschriebenen – Programmen wurde ein einfacher Aufbau gewählt, um auch hier eine leichte Durchsicht zu ermöglichen. Lediglich die im Farbanhang dargestellten Diagramme sind programmtechnisch etwas aufwendiger, da das Achsenkreuz hierbei um $-90°$ gedreht wurde. Man erhält dadurch etwa um den Faktor 2,5 verlängerte Diagramme mit einer verbesserten Anschaulichkeit.

Es bleibt zu hoffen, daß das vorliegende Buch nicht nur die Berechnung und Auswahl von Getrieben erleichtert, sondern darüber hinaus auch die Bereitschaft fördert, technisch-konstruktive Fragen mit Hilfe von Computern zu lösen.

Iserlohn im Januar 1984 *Hans Bürde*

Inhaltsverzeichnis

1 Mathematische Grundlagen

1.1 Rechtwinklige und Polarkoordinaten

Um die Lage eines Punktes auf einem Zeichenblatt bestimmen zu können, benötigt man die Koordinaten dieses Punktes in Bezug auf einen vorher festgelegten Punkt, der als Koordinatenursprung bezeichnet wird. Am gebräuchlichsten sind:

1. rechtwinklige Koordinaten,
2. Polarkoordinaten.

1.1.1 Rechtwinklig ebene Koordinaten

Auf dem Zeichenbrett wird der Koordinatenursprung festgelegt, z.B. linke untere Ecke, oder Zeichenblattmitte oder irgendein günstig gelegener Punkt. Danach kann die Lage eines anderen Punktes durch die Angabe seines Abszissenwertes x_1 und des Ordinatenwertes y_1 bestimmt werden. Die Reihenfolge der Schreibweise ist immer (x/y). Im Beispiel Bild 1-1 ist: P_1 (3/2), und P_2 (– 5/– 3).

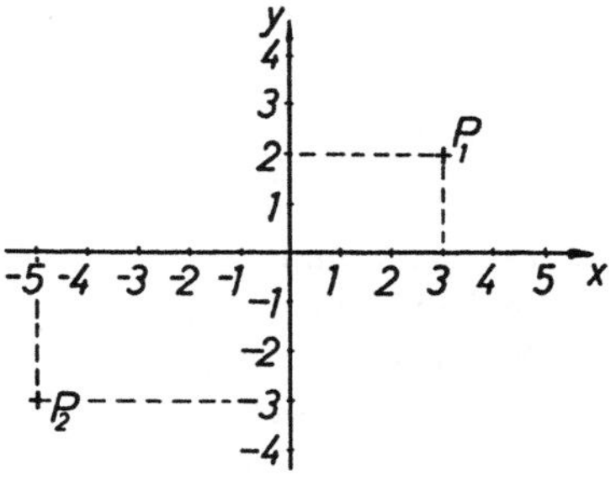

Bild 1.1

1.1.2 Polarkoordinaten

Durch Richtung und Abstand von einem vorgegebenen Festpunkt aus, dem Koordinatenursprung 0, läßt sich die Lage eines beliebigen Punktes P bestimmen. Die Richtung wird immer von der positiven x-Achse aus gegen den Uhrzeigersinn angegeben, und der Abstand wird vom vorgegebenen Festpunkt (Koordinatenursprung) aus gemessen. Im Beispiel (Bild 1-2) hat P_1 die Koordinaten (R_1/φ_1). Mit den Zahlen von Bild 1-1 erhält man: P_1 (3,6/33,7°): P_2 (5,83/211°).

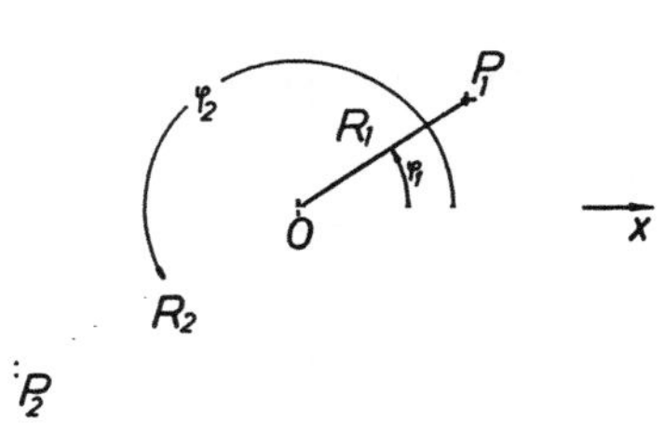

Bild 1.2

1.1.3 Umrechnung von Polar- in rechtwinklige Koordinaten und umgekehrt

Im folgenden wird dies als PR-Rechnung bezeichnet.

a) Polar-Rechtwinklig:

Im Bild 1-3 hat der Punkt P die Polarkoordinaten R/φ.
Gesucht sind die Koordinaten x/y.
Es gilt $x = r \cdot \cos\varphi$, und $y = r \cdot \sin\varphi$.

Dieser Sachverhalt gilt für sämtliche Winkelwerte von $\varphi = 0°$ bis $\varphi = 360°$.

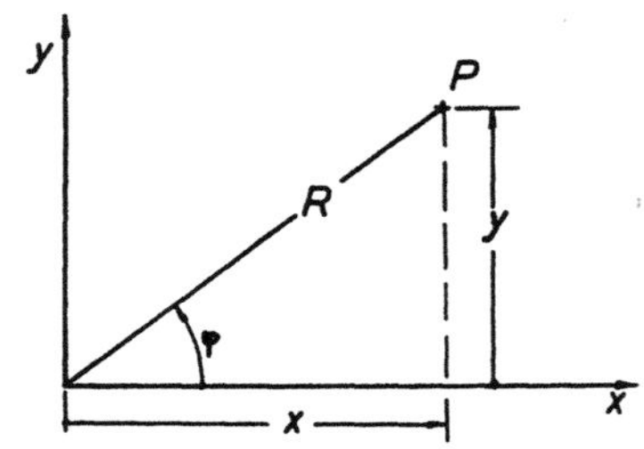

Bild 1.3

b) Rechtwinklig-Polar:

Für den ersten Quadranten läßt sich aus Bild 1-3 bei gegebenen Koordinaten x/y ablesen: $R = \sqrt{x^2 + y^2}$, und $x = R \cdot \cos\varphi$ oder $\varphi = \arccos\left(\frac{x}{R}\right)$. Es erscheint nicht sinnvoll, den Tangens zu verwenden, da bei Winkelwerten von 90° und 270° die Rechner zum Teil nicht mitspielen. Für den zweiten Quadranten ist ebenfalls $\varphi = \arccos\left(\frac{x}{R}\right)$ zu verwenden.

Hat der Winkel φ einen Wert größer als 180°, dann sind die y-Werte immer kleiner Null. Für diesen Bereich gilt dann $\varphi = 360 - \arccos\left(\frac{x}{R}\right)$.

c) Das Programm:

In dem kleinen Programm 1-1 bedeuten:
XU; YU die Koordinaten x und y
RU; WU die Koordinaten R und Winkel (z. B. φ).
Es handelt sich um ein Unterprogramm. Die Zeilen 510, 550 und 570 (RETURN) führen zum Hauptprogramm zurück. Die Umrechnung von Polar- in rechtwinklige Koordinaten wird in Zeile 500 vorgenommen.
Für die Umrechnung von rechtwinkligen- in Polarkoordinaten werden die Zeilen 520 bis 560 benötigt.

```
500:XU=RU*COS WU:Y
    U=RU*SIN WU
510:RETURN
520:RU=√(XU^2+YU^2
    )
530:IF YU<0GOTO 56
    0
540:WU=ACS (XU/RU)
550:RETURN
560:WU=360-ACS (XU
    /RU)
570:RETURN
```

Programm 1-1

1.2 Änderung des Koordinatensystemes

Es besteht oft die Notwendigkeit, von einem gegebenen Punkt P_1 aus die Lage des nächsten aufzuzeichnenden Punktes P_2 zu bestimmen. Man verlegt also das ursprüngliche Koordinatensystem, mit dessen Hilfe man den ersten Punkt P_1 gefunden hat, nunmehr in den Punkt P_1 selbst. Damit wird P_1 neuer Koordinatenursprung.

1.2.1 Parallelverschiebung des rechtwinkligen Koordinatensystemes

Im Bild 1-4 habe der Punkt P_1 die Koordinaten x_1/y_1 und entsprechend Punkt P_2 (x_2/y_2). Gesucht sind die Koordinaten des Punktes P_2 in bezug auf Punkt P_1, also die Koordinaten (x_{21}/y_{21}). Im Beispiel Bild 1–4

$$x_{21} = x_2 - x_1$$
$$y_{21} = y_2 - y_1$$

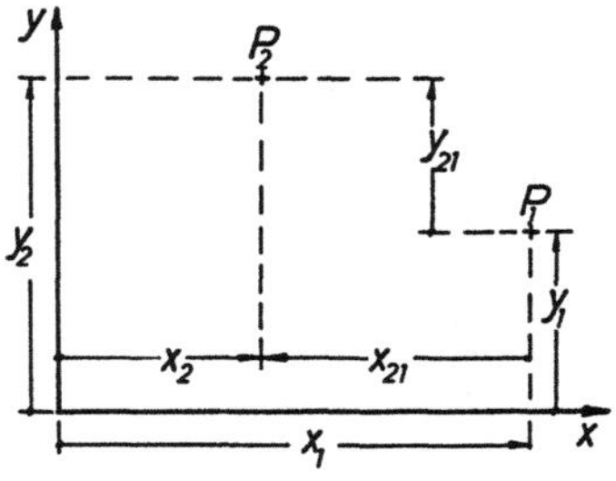

Bild 1.4

1.2.2 Drehung des Koordinatensystemes um den Winkel α

Der Punkt P_1 habe im x-y-Koordinatensystem die Koordinaten (x_1/y_1). Wenn das Koordinatensystem bei Beibehaltung des Koordinatenursprunges (0/0) um den Winkel α gedreht wird und die gedrehten Koordinatenachsen die Bezeichnungen u und v erhalten, gelten die folgenden Zusammenhänge (Bild 1-5):

$$x_1 = u_1 \cdot \cos\alpha - v_1 \cdot \sin\alpha$$
$$y_1 = u_1 \cdot \sin\alpha + v_1 \cdot \cos\alpha$$
$$u_1 = x_1 \cdot \cos\alpha + y_1 \cdot \sin\alpha$$
$$v_1 = -x_1 \cdot \sin\alpha + y_1 \cdot \cos\alpha$$

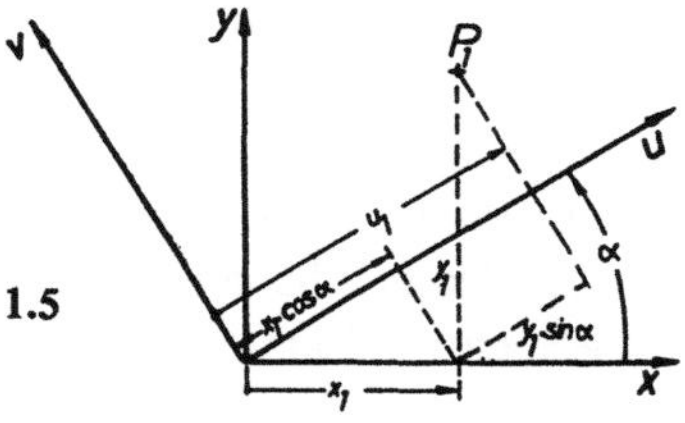

Bild 1.5

1.3 Die Strecke

Eine gerichtete Strecke ist ihrem Wesen nach ein Vektor. Man braucht zu ihrer Bestimmung immer 2 Werte: *Länge* und *Richtung*. Die beiden Größen, Länge und Richtung, können sowohl mit Hilfe von rechtwinkligen als auch mittels Polarkoordinaten dargestellt werden. Da je nach Anwendungsfall mal das eine oder das andere Koordinatensystem günstiger ist, sollen hier kurz beide Möglichkeiten besprochen werden.

1.3.1 Länge einer Strecke

Im rechtwinkligen Koordinatensystem, Bild 1-6, erhält man die Länge einer Strecke $\overline{AB}$ über die Koordinaten von $A(x_A/y_A)$ und $B(x_B/y_B)$ mit Hilfe des Pythagoräischen Satzes: $l = \sqrt{(x_B - x_A)^2 + (y_B - y_A)^2}$.

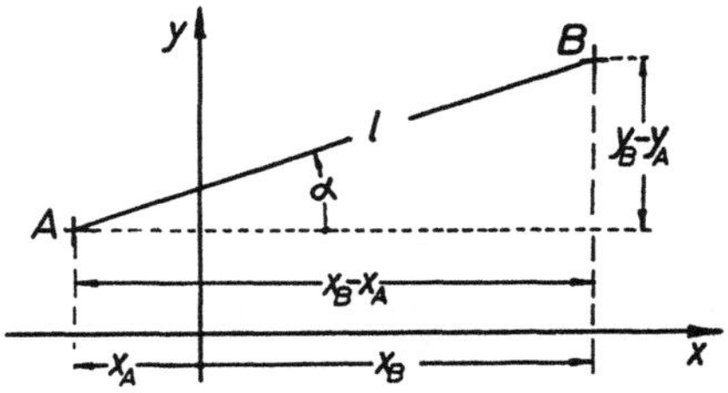

Bild 1.6

Um die Richtung der Strecke $\overline{AB}$ angeben zu können, werde zunächst festgelegt, daß man die Strecke $\overline{AB}$ von A ausgehend zum Punkt B hin durchläuft. Die Richtung der Strecke wird dann gegenüber der positiven x-Achse angegeben, und zwar gegen den Uhrzeigersinn mit positivem Vorzeichen. In Bild 1-6 ist

$$\tan\alpha = \frac{y_B - y_A}{x_B - x_A} .$$

Es muß hier jedoch eine Einschränkung dahingehend gemacht werden, daß die Bestimmung des Winkels α nur dann in dieser einfachen Form möglich ist, wenn die Richtung der Strecke in den ersten Quadranten weist. Da dies aber in den meisten Fällen nicht so ist, sollte die Bestimmung der Richtung grundsätzlich mit Hilfe der Polarkoordinaten vorgenommen werden.

1.3.2 Richtung einer Strecke

Die Werte l und α stellen die Polarkoordinaten des Punktes B in Bezug auf den Punkt A dar. Oder anders gesagt: wenn man den Koordinatenursprung in den Punkt A legt, dann hat Punkt B die Polarkoodinaten l und α. Um die Werte für l und α aus den gegebenen Koordinatenpaaren x_A/y_A und x_B/y_B zu erhalten, bildet man zunächst $x_{BA} = x_B - x_A$ und $y_{BA} = y_B - y_A$. Die Größen x_{BA} und y_{BA} (lies: x von B in Bezug auf A) werden in den Rechner eingegeben, und man erhält mittels PR-Rechnung die Werte für α und l in einem Arbeitsgang.

Zahlenbeispiele:

a) Der Punkt A habe die Koordinaten – 3,8/2,7
Der Punkt B habe die Koordinaten 12,7/8,2;
gesucht sind Länge und Richtung der Strecke $\overline{AB}$.

Lösung: $x_{BA} = 12{,}7 - (-3{,}8) = 16{,}5$
$y_{BA} = 8{,}2 - 2{,}7 = 5{,}5$

Mittels PR-Rechnung erhält man: $\alpha = 18{,}435°$, $l = 17{,}3925$

b) Mit den oben angegebenen Koordinatenpaaren für A und B ist die Richtung und Größe der Strecke $\overline{BA}$ gesucht. Es müssen zunächst die Koordinaten von Punkt A in bezug auf Punkt B gefunden werden. Man erhält:

$x_{AB} = -3{,}8 - 12{,}7 = -16{,}5$
y $y_{AB} = 2{,}7 - 8{,}2 = -5{,}5$

Die PR-Rechnung liefert: $\alpha = 198{,}435°$, $l = 17{,}3925$

1.4 Das Dreieck

Ein Dreieck besitzt 6 charakteristische Größen: 3 Seiten und 3 Winkel. Immer dann, wenn ein Dreieck mit Hilfe von Zirkel und Lineal aus gegebenen Stücken konstruierbar ist, kann man auch auf rechnerischem Wege die fehlenden Stücke ermitteln. Ein Dreieck ist immer dann eindeutig bestimmbar, wenn gegeben sind:

entweder	3 Seiten,
oder	2 Seiten und der von den beiden Seiten eingeschlossene Winkel
oder	1 Seite und 2 Winkel.

Zur Bestimmung fehlender Dreieckstücke stehen einem u.a. die folgenden Hilfsmittel zur Verfügung (Bild 1-7):

Sinus-Satz $\frac{a}{\sin\alpha} = \frac{b}{\sin\beta} = \frac{c}{\sin\gamma}$

Cosinus-Satz $a^2 = b^2 + c^2 - 2bc \cdot \cos\alpha$

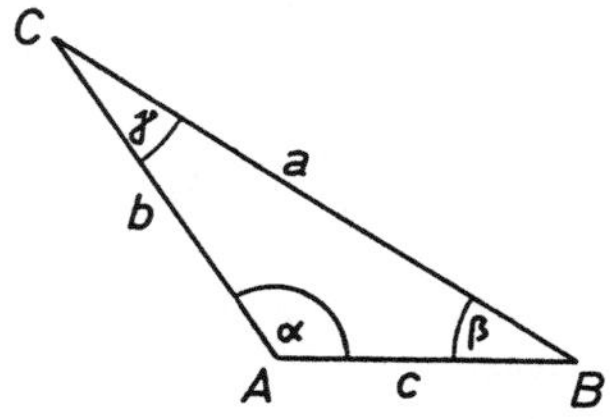

Bild 1.7

Im rechtwinkligen Dreieck der *Satz des Pythagoras*: $a^2 = b^2 + c^2$. Hierbei ist a die Hypotenuse

Als *Beispiel* möge die Lagebestimmung der Eckpunkte eines Dreieckes dienen (Bild 1-8). Gegeben seien die Koordinaten (x/y) der Punkte A und B, ferner die Winkel α und β. Gesucht sind die Koordinaten des Punktes C. Es soll hier nur einer von vielen möglichen Rechnungswegen aufgezeigt werden:

1. Bestimmung der Koordinaten von Punkt B in bezug auf Punkt A (x_{BA}/y_{BA}).
2. Mittels PR-Rechnung erhält man die Werte für δ und c.
3. Der Sinussatz liefert die Größe der Strecke b.
4. Eine PR-Rechnung mit den Werten von b und Winkel $(\alpha + \delta)$ führt zu den Koordinaten von $C(x_{CA}/y_{CA})$ in bezug auf A.
5. Die Koordinaten x_{CA}/y_{CA} werden auf den Koordinatenursprung bezogen, so daß man x_C und y_C erhält.

Zahlenbeispiel: $x_A = -3$; $y_A = -4$; $x_B = 10$; $y_B = 5$
Winkel $\alpha = 35°$, Winkel $\beta = 28°$.

Rechenweg wie oben angegeben:

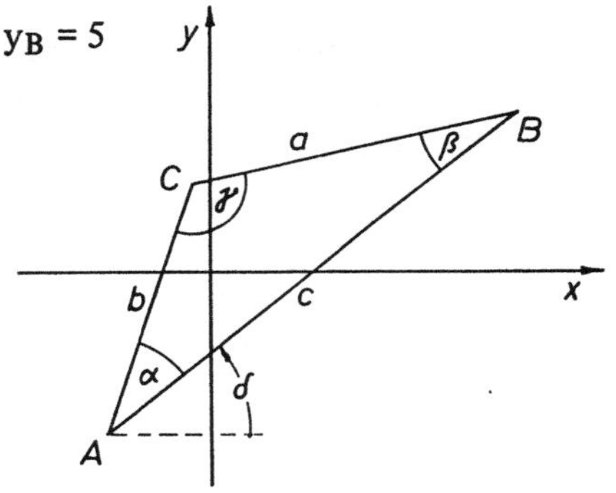

Bild 1.8

1. $x_{BA} = x_B - x_A = 13$; $y_{BA} = y_B - y_A = 9$.
2. $\delta = 34{,}7°$; $c = 15{,}8$.
3. $\gamma = 180° - \alpha - \beta$; $\gamma = 117°$ $b = c\,\frac{\sin\beta}{\sin\gamma} = 8{,}325$
4. $\alpha + \delta = 35 + 34{,}7 = 69{,}7°$; und $b = 8{,}325$ liefern: $x_{CA} = 2{,}89$; $y_{CA} = 7{,}8$
5. $x_C = x_{CA} + x_A = 2{,}89 + (-3) = -0{,}11$; $x_C = -0{,}11$
$y_C = y_{CA} + y_A = 7{,}8 + (-4) = 3{,}8$ $y_C = 3{,}8$

1.5 Ebene Bewegung eines Punktes

Ändert ein Punkt seine Lage, so treten vielfältige Erscheinungen auf, als da sind: Geschwindigkeiten translatorischer und rotatorischer Art, sowie verschiedene Beschleunigungen, Tangential-, Normal-, Coriolisbeschleunigungen und andere mehr.

1.5.1 Geschwindigkeit eines Punktes

Die Geschwindigkeit v eines Punktes ist definiert als diejenige (Weg-)Strecke Δs, die der Punkt innerhalb eines Zeitintervalles Δt zurücklegt:

$$v = \frac{\Delta s}{\Delta t} \text{ [m/s]}.$$

Hierbei ist die Geschwindigkeit ebenso wie die Strecke ein Vektor, d.h. man benötigt zur Angabe einer Geschwindigkeit immer die zwei Werte: *Richtung* und *Größe*. Es gibt verschiedene Möglichkeiten der Geschwindigkeitsbestimmung. Jede von ihnen ist mit spezifischen Vorzügen und Mängeln behaftet. Hier soll nur diejenige dargestellt werden, bei der man mit Hilfe des Differenzenverfahrens arbeitet. Dank der hohen Rechengenauigkeit von elektronischen Rechnern ist es möglich, das zur Bestimmung der Geschwindigkeit verwendete Streckenstück Δs so klein zu wählen, daß die Genauigkeit dieses Verfahrens gegenüber allen zeichnerischen Verfahren um zwei bis drei Zehnerpotenzen besser ist.

Ein Punkt mit den Koordinaten x/y bewegt sich während einer Zeitspanne Δt von der Stelle $1(x_1/y_1)$ zur Stelle $2(x_2/y_2)$, Bild 1-9. Seine Geschwindigkeit ist dann $v = \frac{\Delta s}{\Delta t}$. Da der Punkt an der Stelle 1 im allgemeinen eine andere Geschwindigkeit besitzt als an der Stelle 2, kann der Wert $\Delta s/\Delta t$ nur einer mittleren Geschwindigkeit entsprechen. Rücken die beiden Punkte jedoch sehr nahe zusammen, kann man näherungsweise annehmen, daß die Änderung der Geschwindigkeit linear erfolgt. Der Wert $\Delta s/\Delta t$ stellt dann eine Geschwindigkeit dar, die der Punkt besitzt, wenn er auf der Hälfte der Strecke von 1 nach 2 angelangt ist. Sie werde daher mit $v_{1,5}$ bezeichnet. Die Größe der Geschwindigkeit erhält man aus der Länge der Strecke $1-2 = \Delta s$.

Die Richtung Θ wird gegen die positive x-Achse gemessen. Der Rechenvorgang zur Bestimmung von Δs und θ ist bereits im Abschnitt „Strecke" (1.3) dargelegt. Er soll hier nochmals formelmäßig zusammengefaßt werden:

1. Bestimmung der Koordinaten des Punktes 2 in bezug auf Punkt 1:
   $x_{21} = x_2 - x_1; \quad y_{21} = y_2 - y_1.$
2. Mit x_{21} und y_{21} werden über eine PR-Rechnung die Werte von Δs und Θ gefunden.
3. Der Quotient $\Delta s/\Delta t$ liefert die Geschwindigkeit $v_{1,5}$.

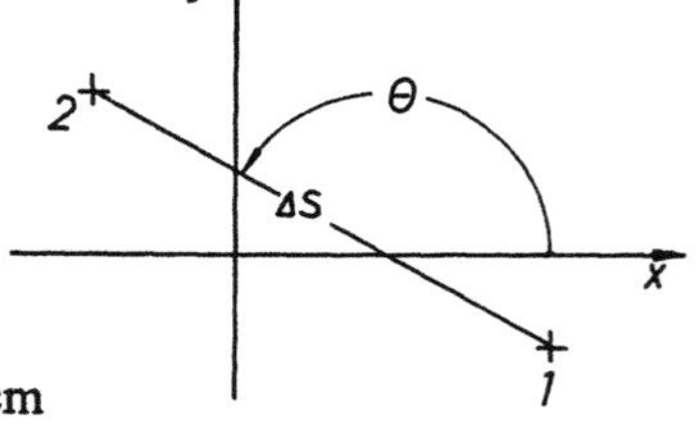

Bild 1.9

Zahlenbeispiel: gegeben ist: $x_1 = 14{,}269; \quad y_1 = -3{,}548$ cm
$x_2 = 14{,}252; \quad y_2 = -3{,}573$ cm

Der Punkt x/y benötigt, um von der Stelle 1 zur Stelle 2 zu kommen, eine Zeit von $\Delta t = 0{,}00013$ s.

Gesucht: die Geschwindigkeit $v_{1,5}$ nach Richtung und Größe.

Lösung: $x_{21} = x_2 - x_1 = -0{,}017; \quad y_{21} = y_2 - y_1 = 0{,}025;$ cm
$\Theta = 124{,}2^\circ; \quad \Delta s = 0{,}03023$ cm; $\quad v_{1,5} = 232{,}6$ cm/s.

1.5.2 Winkelgeschwindigkeit, Drehzahl

Unter der Winkelgeschwindigkeit ω wird der Quotient des Winkelwegs $\Delta\widehat{\varphi}$ durch ein Zeitintervall Δt geteilt verstanden:

$$\omega = \frac{\Delta\varphi}{\Delta t}\left[\frac{1}{s}\right].$$

Den Winkelweg kann man sich folgendermaßen vorstellen: Eine runde Scheibe ist in ihrem Mittelpunkt drehbar gelagert. Sie hat eine radiale, vom Mittelpunkt ausgehende Linie aufgemalt. Bei Drehung der Scheibe um den Winkel α° beschreibt der Endpunkt der Linie einen Kreisbogen der Länge s. Es gilt: $\frac{\alpha^\circ}{360^\circ} = \frac{s}{2\pi r}$, wobei r = Scheibenradius ist.

Nach s umgestellt erhält man: $s = \frac{2\pi r\alpha^\circ}{360^\circ}$

Anstelle von $\alpha^\circ \cdot \frac{2\pi}{360}$ wird zur Vereinfachung $\widehat{\varphi}$ geschrieben, so daß gilt $s = \widehat{\varphi} \cdot r$. Der Zusammenhang zwischen α° im Gradmaß und $\widehat{\varphi}$ im Bogenmaß ist damit

$$\frac{\alpha^\circ}{360^\circ} = \frac{\widehat{\varphi}}{2\pi} \text{ oder } \widehat{\varphi} = \alpha^\circ \cdot \frac{\pi}{180} \sim \frac{\alpha^\circ}{57{,}3}$$

Bei einer vollen Umdrehung der Scheibe ($\alpha = 360^\circ$) hat also der Winkelweg die Größe $\widehat{\varphi} = 2\pi$ erreicht. Die Winkelgeschwindigkeit einer Scheibe, die in einer Sekunde eine volle Umdrehung ausführt, ist damit:

$$\omega = \frac{\Delta\varphi}{\Delta t} = \frac{2\pi}{1} = 2\pi\ \frac{1}{s}.$$

In der technischen Praxis wird die Drehzahl einer Welle in Umdrehungen pro Minute angegeben, n[1/min]. Der Zusammenhang zwischen Drehzahl und Winkelgeschwindigkeit ist gegeben durch:

$$\omega = 2\pi\frac{n}{60}.$$

Die Umfangsgeschwindigkeit u einer Scheibe vom Radius r mit der Winkelgeschwindigkeit ω läßt sich folgendermaßen bestimmen: $u = \Delta s/\Delta t$. Hierbei ist Δs der Weg, den ein am Scheibenumfang befindlicher Punkt in der Zeit Δt zurücklegt. Nun ist $\Delta s = r \cdot \Delta\widehat{\varphi}$, mithin

$$u = \frac{\Delta s}{\Delta t} = \frac{r \cdot \Delta\widehat{\varphi}}{\Delta t} = r \cdot \omega; \quad u = r \cdot \omega.$$

Zahlenbeispiel: Die Geschwindigkeit eines Fahrzeuges beträgt 126 km/h. Der Rollradius der Räder ist 241 mm. Gesucht ist die Winkelgeschwindigkeit der Räder?

Lösung: v = 126 km/h entspricht $v = 35\ m/s = r \cdot \omega$; $\omega = 145{,}2\ 1/s$.

1.5.3 Beschleunigung eines Punktes

Ein sich in einer Ebene bewegender Punkt unterliegt dann einer Beschleunigung $\vec{a}$, wenn sich seine Geschwindigkeit innerhalb eines Zeitintervalles Δt um einen Betrag Δv ändert:

$$a = \frac{\Delta v}{\Delta t}.$$

Die Beschleunigung ist ebenfalls wie die Geschwindigkeit ein Vektor. Man benötigt daher zu ihrer Angabe immer die zwei Werte: *Größe* $|a|$ und *Richtung* Θ. Die Größe der Beschleunigung multipliziert mit der beschleunigten Masse liefert die Massenkraft, $F = m \cdot a$. Die Richtung der Massenkraft ist entgegengesetzt der Richtung der Beschleunigung. Z.B. die Personen in einem Auto, das durch Gasgeben seine Geschwindigkeit erhöht (positive Beschleunigung), werden durch die auf ihre Körper wirkende Massenkraft nach hinten in die Lehnen gedrückt.

Um die Belastung eines schnellaufenden Getriebes berechnen zu können, ist die Kenntnis derjenigen Gesamtbeschleunigung nach Richtung und Größe, der die einzelnen Getriebeglieder unterliegen, unbedingt erforderlich.

Es gibt verschiedene Möglichkeiten zur Bestimmung der Gesamtbeschleunigung. Hier soll – wie schon bei der Ermittlung der Geschwindigkeit – das Differenzenverfahren angewendet werden. Es liefert in einem Arbeitsgang die Richtung und Größe der Gesamtbeschleunigung.

Da bei anderen Rechenverfahren die Gesamtbeschleunigung oftmals aus verschiedenen Teilbeschleunigungen zusammengesetzt wird, soll hier informationshalber kurz auf die Teilbeschleunigungen eingegangen werden.

a) Tangentialbeschleunigung a^t:

Ändert ein Punkt innerhalb eines Zeitintervalles nur die Größe seiner Geschwindigkeit, jedoch nicht die Richtung, in der er sich bewegt, wirkt die Beschleunigung tangential zu seiner Geschwindigkeitsrichtung, die auch gleichzeitig seine Bewegungsrichtung ist (z.B. Auto auf gerader Strecke beim Bremsvorgang).

b) Normalbeschleunigung a^n:

Diese Beschleunigungskomponente tritt immer dann auf, wenn sich der betrachtete Punkt auf einer gekrümmten Bahn bewegt (z.B. Kurvenfahrt, oder ein Stein, der an einer Schnur befestigt, im Kreis herumgeschleudert wird). Bei dieser Beschleunigungsart behält der Punkt die Größe seiner Geschwindigkeit bei. Es ändert sich jedoch die Richtung der Geschwindigkeit. Da die Richtung der Beschleunigung immer in die Richtung der Geschwindigkeitsänderung weist, ist die Normalbeschleunigung stets auf den Krümmungsmittelpunkt der Bahnkurve, auf der sich der betrachtete Punkt bewegt, hin gerichtet.

c) Coriolisbeschelunigung a^c:

Diese Beschleunigungskomponente tritt immer dann auf, wenn sich der betrachtete Punkt relativ zu einem System bewegt, das sich seinerseits selbst bewegt. Dies tritt im allgemeinen bei Systemen mit Relativbewegung auf. Das folgende Gedankenexperiment mag die Zusammenhänge verständlicher machen:

Eine horizontal liegende Kreisscheibe besitzt eine vertikale durch den Scheibenmittelpunkt gehende Achse. Auf der Scheibe befindet sich eine radial vom Mittelpunkt nach außen führende Nut, in der sich ein Körper bewegen kann. Nun wird die Scheibe in eine konstante Drehbewegung um ihre Achse gebracht. Der in der Nut befindliche Körper besitzt jetzt eine ebenfalls konstante Umlaufgeschwindigkeit, $u = r \cdot \omega$. Wenn man jetzt den Körper unter Beibehaltung der konstanten Drehgeschwindigkeit der Scheibe in seiner Nut radial noch außen führt, vergrößert sich sein Abstand vom Mittelpunkt der Scheibe. Damit wird auch die Umlaufgeschwindigkeit des Körpers größer. Man achte ferner darauf, daß der Körper nicht beschleunigt nach außen geführt wird, d.h. seine radial gerichtete Relativgeschwindigkeit sei konstant.

Das Ergebnis dieses Experimentes läßt sich so zusammenfassen:

1. Die Scheibe unterliegt keiner Tangentialbeschleunigung, ihre Drehgeschwindigkeit ist konstant. Die Normalbeschleunigung, der jeder Punkt der Scheibe ausgesetzt ist, ist radial nach innen zur Drehachse hin gerichtet.
2. Der in seiner Nut mit konstanter Geschwindigkeit nach außen hin geführte Körper unterliegt keiner Tangentialbeschleunigung relativ zur Scheibe und, da die Führung gerade ist, auch keiner Normalbeschleunigung.
3. Da der nach außen geführte Körper einen Geschwindigkeitszuwachs in Umfangsrichtung erfährt, muß auf ihn eine Beschleunigung im Sinne der Geschwindigkeitserhöhung wirken.
   Die unter 1. und 2. dargestellte Situation liefert keine brauchbare, die Geschwindigkeitsänderung des Körpers erklärende Beschleunigung. Es muß also noch eine weitere Beschleunigung existieren. Diese ist die „Coriolisbeschleunigung".

Die Auswirkungen der Coriolisbeschleunigung sind z.B. die Drehrichtungen großer Luftmassen. Auf der nördlichen Erdhälfte drehen die Tiefdruckgebiete links herum, die Hochdruckgebiete entgegengesetzt. Eine andere Auswirkung der Coriolisbeschleunigung zeigt das Kreiselverhalten: Will man z.B. ein einmotoriges Flugzeug durch Ziehen am Knüppel mit der Nase exakt senkrecht nach oben bewegen, muß gleichzeitig Seitensteuer gegeben werden, um die 90°-Tendenz des als Kreisel wirkenden Triebwerkes zu kompensieren.

Im allgemeinen werden die drei beschriebenen Beschleunigungsformen gemischt auftreten. Dies führt dazu, daß man zur Bestimmung der Gesamtbeschleunigung eines Getriebepunktes bis zu 7 Beschleunigungskomponenten bestimmen und diese dann in einem Vektordiagramm zur Gesamtbeschleunigung zusammensetzen muß.

Bei der Verwendung des Differenzverfahrens, wie es hier dargestellt wird, entfällt die Bestimmung der einzelnen Beschleunigungskomponenten. Man erhält sofort die Gesamtbeschleunigung, mit deren Hilfe dann die im Getriebe wirkenden Kräfte bestimmt werden können.

Zur Bestimmung der (ebenen) Beschleunigung nimmt man an, daß ein Punkt sich bewegt, und dabei nacheinander die Positionen 1–2–3 durchläuft (Bild 1-10). Die Stelle 1 habe die Koordinaten (x_1/y_1), entsprechend Stelle 2 (x_2/y_2) und Stelle 3 (x_3/y_3). Die Zeit Δt, die der Punkt benötigt, um von der Stelle 1 zur Stelle 2 zu gelangen, sei gleich der

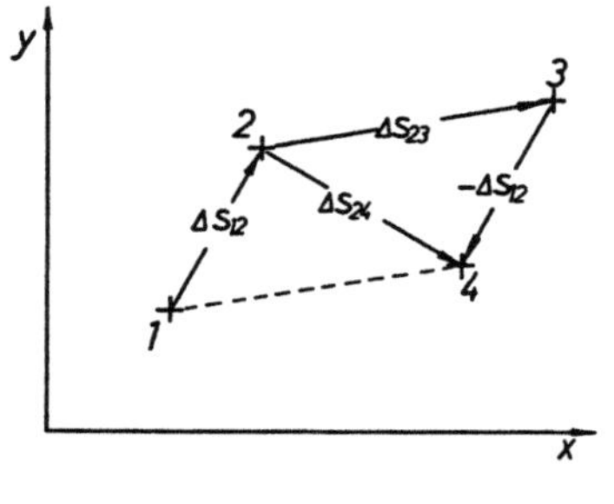

Bild 1.10

Zeit, um von 2 nach 3 zu gelangen. D.h. um von 1 über 2 nach 3 zukommen, benötigt der Punkt die Zeit $2 \cdot \Delta t$. Der Punkt hat auf dem Weg von 1 nach 2 eine Geschwindigkeit $v_{1,5} = \frac{\Delta s_{12}}{\Delta t}$ und weiter auf dem Weg von 2 nach 3 eine Geschwindigkeit $v_{2,5} = \frac{\Delta s_{23}}{\Delta t}$. Diese beiden Geschwindigkeiten liegen jeweils in der Mitte der Strecken Δs_{12} und Δs_{23}, also zeitlich um Δt auseinander. Nun ist die Änderung der Geschwindigkeit $\Delta v = v_{2,5} - v_{1,5}$ vektoriell zu bestimmen. Dies geschieht, indem von dem Vektor $v_{2,5}$ der Vektor $v_{1,5}$ abgezogen wird. Die Längen und Richtungen der Strecken Δs_{12} und Δs_{23} entsprechen genau den Geschwindigkeitsvektoren $v_{1,5}$ und $v_{2,5}$. Analog dazu entspricht die Strecke Δs_{24} der Geschwindigkeitsänderung Δv nach Größe und Richtung (Bild 1-10). Man findet den Punkt 4, indem der Streckenvektor Δs_{12} vom Streckenvektor Δs_{23} abgezogen wird. Oder man bildet das Parallelogramm. Die Punkte 1, 2 und 3 sind mittels ihrer Koordinatenpaare festgelegt (x_1/y_1); (x_2/y_2) und (x_3/y_3). Man erhält dann das Koordinatenpaar für den Punkt 4:

In der x-Richtung: $x_4 = x_3 - (x_2 - x_1)$ und
in der y-Richtung: $y_4 = y_3 - (y_2 - y_1)$.

Um den Streckenvektor Δs_{24} von 2 nach 4 zu finden, bezieht man die Koordinaten des Punktes 4 auf den Punkt 2, d.h. man legt ein neues Koordinatensystem in den Punkt 2 und erhält:

$$x_{42} = x_4 - x_2 = x_3 - (x_2 - x_1) - x_2; \qquad x_{42} = x_3 - 2 \cdot x_2 + x_1$$

$$y_{42} = y_4 - y_2 = y_3 - (y_2 - y_1) - y_2; \qquad y_{42} = y_3 - 2 \cdot y_2 + y_1$$

Die Werte von x_{42} und y_{42} werden mittels einer PR-Rechnung in Polarkoordinaten umgesetzt, und man erhält die Größen von Δs_{24} und die Richtung Θ (Bild 1-11). Die Beschleunigung des Punktes in dem Augenblick, in dem er die Stelle 2 durchläuft, hat die Richtung von Δs_{24}, gegeben durch den Winkel Θ. Die Größe dieser Beschleunigung findet man durch

$$a = \frac{\Delta v}{\Delta t}; \text{ und mit } \Delta v = \frac{\Delta s_{24}}{\Delta t} \quad \text{erhält man: } a = \frac{\Delta s_{24}}{\Delta t^2}.$$

Zahlenbeispiel: Gegeben ist ein Getriebepunkt, der im zeitlichen Abstand von jeweils 0,0022 s die folgenden 3 Positionen einnimmt:

$x_1 = -17{,}256$ $\quad x_2 = -17{,}103$ $\quad x_3 = -16{,}952$ cm
$y_1 = -0{,}017$ y $\quad y_2 = 0{,}062$ $\quad y_3 = 0{,}087$ cm

Gesucht ist die Beschleunigung des Punktes nach Richtung und Größe.

Lösung: $x_{42} = x_3 - 2x_2 + x_1 = -0{,}002$ cm;
$y_{42} = y_3 - 2y_2 + y_1 = -0{,}054$ cm

mit x_{42} und y_{42} liefert die PR-Rechnung: $\Theta = 267{,}88°$
$\Delta s_{24} = 0{,}054037$ cm

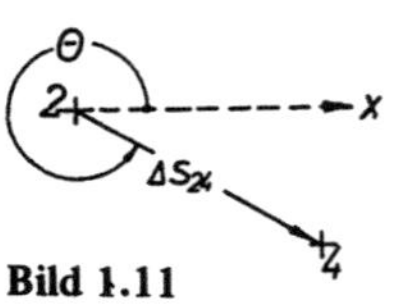

Bild 1.11

$$\frac{\Delta s_{24}}{\Delta t^2} = a = 111{,}64 \text{ m/s}^2$$

Ergebnis: Größe von a: $a = 111{,}64$ m/s²
Richtung von a: $\Theta = 267{,}88°$

1.5.4 Die Winkelbeschleunigung α

Analog zur Beschleunigung $\vec{a}$ ist die Winkelbeschleunigung α definiert als die Änderung der Winkelgeschwindigkeit $\Delta\omega$ innerhalb eines Zeitintervalles Δt:

$$\alpha = \frac{\Delta\omega}{\Delta t}\left[\frac{1}{s^2}\right].$$

Wird ein Maschinenteil einem über das statische Momentengleichgewicht hinausgehendem Drehmoment unterworfen, erfährt es eine Winkelbeschleunigung, wobei der Zusammenhang über das Massenträgheitsmoment J in der Form

$$Md = J \cdot \alpha$$

gegeben ist. Hierin ist Md = Drehmoment in [N · m]

J = Massenträgheitsmoment in [Kg · m²] oder in [N · m · s²].

Der Zusammenhang zwischen Tangentialbeschleunigung

a^t und Winkelbeschleunigung α ist: $a^t = r \cdot \alpha$.

Hierbei ist r der Radius z.B. einer sich um ihren Mittelpunkt drehenden Kreisscheibe.

Die Bestimmung der Winkelbeschleunigung α erfolgt mit Hilfe des Differenzenverfahrens in ganz ähnlicher Weise, wie dies schon bei der Beschleunigung dargestellt wurde.

Ein schwingender Hebel in einem Getriebe sei im Punkt A drehbar gelagert (Bild 1-12). Er nehme nacheinander die Positionen 1-2-3 ein, die durch die Winkel φ_1; φ_2 und φ_3 definiert sind. Um von der Position 1 in die nächste Position 2 zu gelangen, benötigt der Schwinghebel eine Zeitspanne von Δt, und um von 2 nach 3 zu gelangen nochmals Δt. Die mittlere Winkelgeschwindigkeit des Hebels im Bereich von 1 bis 2 ist:

$$\omega_{1,5} = \frac{\varphi_2 - \varphi_1}{\Delta t};$$

und im Bereich von 2 bis 3:

$$\omega_{2,5} = \frac{\varphi_3 - \varphi_2}{\Delta t}.$$

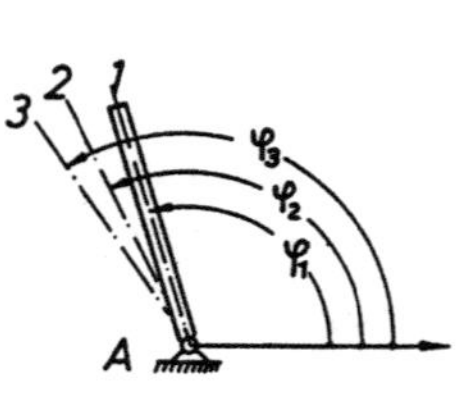

Bild 1.12

Das Zeitintervall zwischen den Winkelgeschwindigkeiten $\omega_{1,5}$ und $\omega_{2,5}$ ist Δt. Für die Winkelbeschleunigung kann man dann schreiben:

$$\alpha = \frac{\Delta\omega}{\Delta t} = \frac{\omega_{2,5} - \omega_{1,5}}{\Delta t} = \left(\frac{\varphi_3 - \varphi_2}{\Delta t} - \frac{\varphi_2 - \varphi_1}{\Delta t}\right) \cdot \frac{1}{\Delta t} = \frac{\varphi_3 - 2 \cdot \varphi_2 + \varphi_1}{\Delta t^2}$$

$$\alpha = \frac{\varphi_3 - 2 \cdot \varphi_2 + \varphi_1}{\Delta t^2}.$$

Hierbei sind die Winkel φ im Bogenmaß einzusetzen. Sollen die Winkel im Gradmaß verarbeitet werden, was meistens der Fall sein dürfte, so erhält man:

$$\alpha = \frac{(\varphi_3^0 - 2 \cdot \varphi_2^0 + \varphi_1^0)}{\Delta t^2} \cdot \frac{\pi}{180}.$$

1.5.5 Das Zeitintervall Δt

Die meisten Getriebe besitzen eine rundlaufende Kurbel, deren Drehzahl n bekannt ist. Bei einer vollen Umdrehung dieser Kurbel beschreiben alle Getriebeglieder ihren Gesamtweg vom Anfangs- bis zum Endpunkt. Jeder Kurbelstellung entspricht eine ganz genau definierte Stellung eines jeden Getriebegliedes. Wird die Kurbel um einen kleinen Winkel $\Delta\varphi$ weitergedreht, so bewegen sich auch die Getriebeglieder um ein kleines Stück Δs ihres Gesamtweges. Die Zeitspanne Δt, die für die Bewegung der Kurbel um den Winkel $\Delta\varphi$ benötigt wird, hängt von der Drehzahl n [1/min] ab.

Es gelten die folgenden Zusammenhänge:

$$\omega = \frac{\Delta\varphi}{\Delta t}; \quad \Delta t = \frac{\widehat{\Delta\varphi}}{\omega} = \frac{\Delta\varphi^\circ}{\omega} \cdot \frac{\pi}{180}; \quad \Delta t = \frac{\Delta\varphi^0}{\omega} \cdot \frac{\pi}{180}$$

oder mit

$$\omega = \frac{\pi \cdot n}{30}; \quad \Delta t = \frac{\Delta\varphi^0 \cdot 30 \cdot \Pi}{\pi \cdot n \cdot 180}; \quad \Delta t = \frac{\Delta\varphi^0}{6 \cdot n}; \quad n \text{ in } \left[\frac{1}{\min}\right].$$

1.5.6 Genauigkeit des Differenzenverfahrens

Die Geschwindigkeit eines Punktes erhält man mittels der ersten Ableitung des Weges nach der Zeit. Die zweite Ableitung liefert die Beschleunigung. Für einfache Bewegungsabläufe lassen sich die Ableitungen mit einem vernünftigen Arbeitsaufwand bilden. Da dies jedoch bei den meisten Getrieben nicht möglich ist, werden im allgemeinen zeichnerische oder Näherungsverfahren zur Bestimmung von Geschwindigkeit und Beschleunigung der einzelnen Getriebeglieder oder -Punkte angewendet.

Will man die Genauigkeit des Differenzenverfahrens abschätzen, so ist es am einfachsten, dieses Verfahren mit dem Differentiationsverfahren zu vergleichen. Man kann beide Verfahren auf eine einfache Bewegung, beispielsweise die Kreisbewegung, anwenden und dann die Ergebnisse miteinander vergleichen. Das Differentiationsverfahren liefert die exakten Werte.

Beispiel „Kreisbewegung“:

Ein Punkt bewegt sich auf einer Kreisbahn (drehendes Rad), mit dem Radius r und der Winkelgeschwindigkeit ω. Er besitzt die Umfangsgeschwindigkeit $u = r \cdot \omega$. Wenn die Winkelgeschwindigkeit konstant ist, wirkt auf den betrachteten Punkt nur die Normalbeschleunigung $a^n = r \cdot \omega^2$, deren Richtung immer zum Kreismittelpunkt hinweist. D.h. es sind als exakte Werte bekannt: $u = r \cdot \omega$, $a = r \cdot \omega^2$, die Richtung von u: $\beta = \varphi + 90^\circ$, und die Richtung von a: $\Theta = \varphi + 180^\circ$ (Bild 1-13).

Zur Bestimmung von u und a nach dem Differenzverfahren benötigt man zwei bzw. drei eng beieinanderliegende Stellungen des Punktes, z. B. die Winkel φ_1; $\varphi_2 = \varphi_1 + 1^\circ$; $\varphi_3 = \varphi_1 + 2^\circ$. Für diese 3 Stellungen werden jeweils die x/y-Koordinaten bestimmt, und damit die Werte u und a sowie deren Richtungen errechnet.

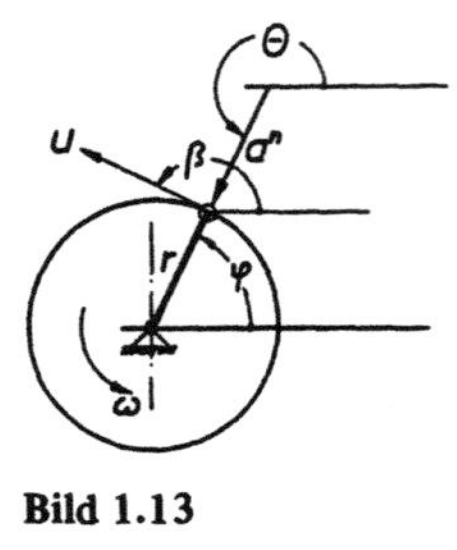

Bild 1.13

Zahlenbeispiel: Es sind hier aus Übungsgründen willkürliche Zahlenwerte verwendet worden. Zur Bestimmung der Genauigkeit genügte es, den Radius $r = 1$ und $\omega = 1$ zu setzen.

Es möge mit $r = 200$ mm und $\omega = 20$ 1/s gerechnet werden. Gesucht seien Geschwindigkeit und Beschleunigung für eine Kurbelstellung von $\varphi_2 = 65°$.

Man erhält mit $x = r \cdot \cos\varphi$ und $y = r \cdot \sin\varphi$ für x und y folgende Werte:

$\varphi_1 = 64°$	$x_1 = 87{,}67422936$ mm	$y_1 = 179{,}7588093$ mm
$\varphi_2 = 65°$	$x_2 = 84{,}52365235$ mm	$y_2 = 181{,}2615574$ mm
$\varphi_3 = 66°$	$x_3 = 81{,}34732862$ mm	$y_3 = 182{,}7090915$ mm

Man erhält die Geschwindigkeit u für einen Winkel $\varphi = 65°$, indem man, wie in 1.5.1 beschrieben, deren Größe wie folgt mit den Zahlenwerten bildet:

$$x_{31} = x_3 - x_1 = -6{,}32690074 \text{ mm}$$
$$y_{31} = y_3 - y_1 = 2{,}9502822 \text{ mm}$$

Mit diesen beiden Größen wird mittels PR-Rechnung die Strecke $\Delta s = \sqrt{x_{31}^2 + y_{31}^2}$ und der Richtungswinkel β dieser Strecke bestimmt.

Man erhält: Winkel $\beta = 155{,}0000005°$

$\Delta s = 6{,}980962543$ mm.

Das Zeitintervall zwischen den Kurbelstellungen $\varphi = 64°$ und $\varphi = 66°$ beträgt:

$$\Delta t = \frac{2° \cdot \pi}{\omega \cdot 180} = 0{,}0017453293 \text{ s.}$$

Man erhält die Geschwindigkeit aus $v = \frac{\Delta s}{\Delta t}$, mit den Zahlenwerten: $v = 3999{,}796907$ mm/s.

Die exakten Werte sind: $\beta = 65° + 90° = 155°$

und $v = r \cdot \omega = 4000$ mm/s.

Die Fehler betragen: beim Winkel $f = 0{,}00000032\,\%$ und

bei der Geschwindigkeit: $f = 0{,}00508\,\%$.

Die Beschleunigung a erhält man mit den Formeln aus 1.5.3 wie folgt:

$$x_{42} = x_3 - 2 \cdot x_2 + x_1 = -0{,}02574672 \text{ mm}$$
$$y_{42} = y_3 - 2 \cdot y_2 + y_1 = -0{,}055214 \text{ mm}$$

Diese beiden Werte liefern, in eine PR-Rechnung eingegeben:

Winkel $\Theta = 244{,}9999924°$ und Strecke $\Delta s_{24} = 0{,}0609219122$ mm. Das Zeitintervall zwischen jedem Winkelwert von 1° (64°; 65°; 66°) hat die Größe:

$$\Delta t = \frac{1 \cdot \pi}{\omega \cdot 180} = 0{,}0008726646 \text{ s.}$$

Den Betrag von a liefert:

$$a = \frac{\Delta s_{24}}{\Delta t^2} = 79997{,}9361 \text{ mm/s}_2\,.$$

Es beträgt der Fehler:

beim Winkel: $f = 0{,}00000312\,\%$

beim Betrag: $f = 0{,}00258\,\%$.

Zusammenfassend kann daher gesagt werden, daß für die technische Praxis das Differenzverfahren exakte Werte liefert.

2 Beschreibung der verschiedenen Getriebe

Man kann zwischen Kurbelgetrieben und Kurvengetrieben unterscheiden.

Bei den meisten Kurbelgetrieben treibt eine rundlaufende, d.h. um 360° drehbare Kurbel das Getriebe an. Das Kennzeichen von Kurvengetrieben bilden die mit dem Antrieb (Motor) direkt verbundene rundlaufende Kurvenscheiben verschiedenster Bauart, wobei die gewünschte Bewegung durch die Form der Kurvenscheibe erreicht wird.

Die Bauformen der Kurbelgetriebe sind so verschieden und vielgestaltig wie es ihrem Aufgabenbereich entspricht (vom Hafenkran bis zum Zeigerantrieb einer Armbanduhr). Aus der Fülle möglicher Getriebe sind in Bild 2-1 einige der einfachen Grundgetriebe dargestellt, anhand derer in den nachfolgenden Kapiteln die Herleitung der Bewegungsberechnungen beispielhaft vorgenommen werden soll.

Die einzelnen Getriebeglieder sind in Bild 2-1 mit den folgenden Buchstaben bezeichnet:

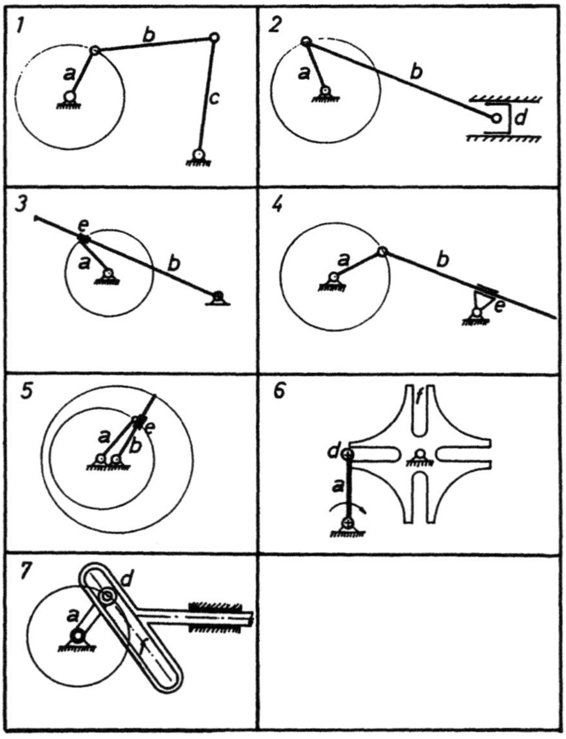

Bild 2.1

a) Kurbel, (rundlaufendes Antriebs- oder Abtriebsteil).
b) Koppel (Pleuel)
c) Schwinge
d) Gleitstein (Kolben, Kreuzkopf)
e) Gleithülse
f) Kulisse

Die in Bild 2-1 dargestellten Getriebe werden im einzelnen folgendermaßen bezeichnet:

1. Kurbel-Koppel-Schwinge
2. Gradschubkurbel: zentrische Führung
exzentrische Führung
3. Schwingende Kurbelschleife, Gleithülse an der Kurbel: zentrische Führung
exzentrische Führung
4. Pendelnde Kurbelschleife, Gleithülse am Gestell: zentrische Führung
exzentrische Führung
5. Umlaufende Kurbelschleife
6. Malteserkreuz (4teilig)
7. Kreuzschleife

3 Berechnung der Bewegung eines Getriebepunktes

In 1.5 wurde dargestellt, wie man aus der Lageänderung Δs innerhalb eines Zeitintervalles Δt auf die Geschwindigkeit und nachfolgend auf die Beschleunigung des Getriebepunktes schließen kann. Es kommt also darauf an, die Bewegung – die Ortskurve – eines Getriebepunktes bestimmen zu können.

Für die Lösung dieser Aufgabe gibt es verschiedene Möglichkeiten, von denen hier jedoch nur diejenige besprochen werden soll, bei der man mit Dreiecken rechnerisch arbeitet. Das Prinzip ist sehr einfach:

Man zerlegt zunächst das Getriebe in Dreiecke. Dann beginnt man, von der Antriebstelle ausgehend, die fehlenden Stücke des ersten Dreiecks zu berechnen. Es folgen die Berechnung des zweiten, dritten usw. Dreiecks, bis man am gewünschten Endpunkt angelangt ist. Es ist jedoch durchaus nicht notwendig, immer jeweils alle Dreiecksstücke zu berechnen. Man sucht sich gleichsam den günstigsten Weg vom Antrieb über verschiedene Zwischenwerte zum Zielpunkt hin.

Das Verfahren möge am Beispiel einer 4-Gelenkanordnung in allen Einzelheiten besprochen werden. Das Getriebe (Bild 3-1) besteht aus einer antriebenden Kurbel AB mit dem Radius r. An die Kurbel ist die Koppel BCE angeschlossen, wobei die Koppel ihrerseits bei Punkt C an die Schwinge CD angelenkt ist. Die Bewegung von Punkt E sei gesucht. Damit dieses Getriebe in seiner Geometrie eindeutig bestimmt ist, müssen z.B. die folgenden Werte gegeben sein:

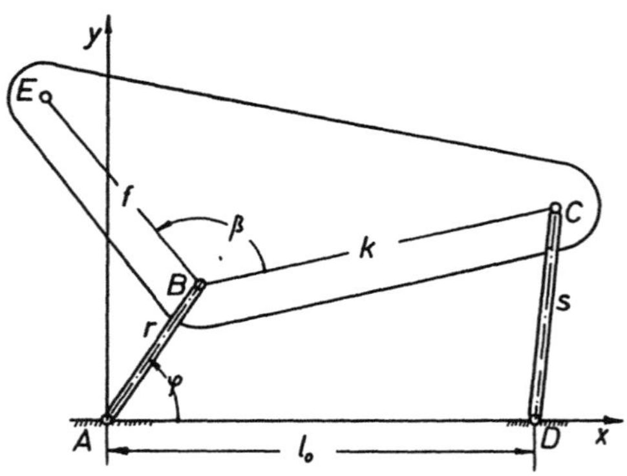

Bild 3.1

r = Kurbelradius AB
k = Koppellänge BC
s = Schwingenlänge CD
l_0 = Abstand der beiden Festpunkte AD
f = Abstand EB auf der Koppelscheibe
β = Winkel EBC

Ferner werde ein augenblicklicher Kurbelwinkel φ angenommen. Gesucht sind die Koordinaten des Punktes $E(x_E/y_E)$ als Funktion des Kurbelwinkels φ. In Bild 3-2 ist die Situation nochmals stärker schematisiert dargestellt, und die nötigen Hilfsgrößen sind eingezeichnet.

Die Hilfslinie l läßt das Dreieck ABD entstehen. Es gibt nun verschiedene Möglichkeiten, den für den weiteren Fortgang benötigten Winkel ρ zu bestimmen. Die gängisten Wege sind:

1. Sinus-Satz
2. Cosinus-Satz
3. Rechnung mit Polarkoordinaten.

Der Sinussatz scheidet für die Berechnung des Winkels ρ aus, da die hierfür benötigte Seite l fehlt. Das gleiche gilt für den Cosinussatz, jedoch kann mit ihm die Seite l berechnet werden zu:

$$l = \sqrt{r^2 + l_0^2 - 2rl_0 \cos\varphi}.$$

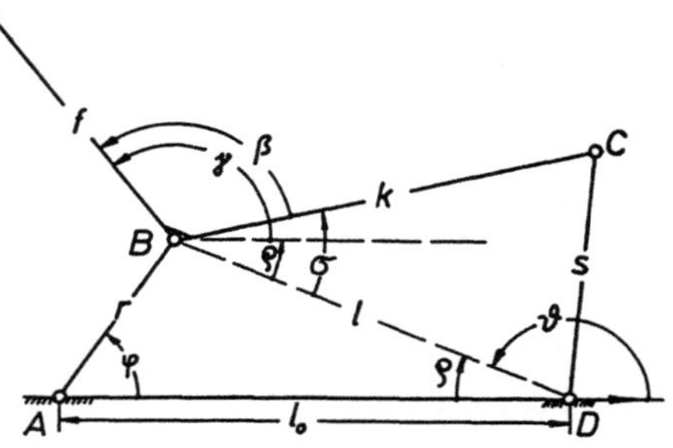

Bild 3.2

Bei der Berechnung des gesuchten Winkels ρ mit dem nunmehr bekannten l scheidet der Cosinussatz aus, da er für ρ nur positive Werte liefert. Es müssen aber, wenn der Winkel φ Werte größer als 180° annimmt, die Werte für ρ negativ sein.

Die Rechnung mit Polarkoordinaten hilft hier, wie in den meisten Fällen, sehr einfach und sicher aus allen Schwierigkeiten. Der Gang der Rechnung ist folgender:

Man bestimmt zunächst die Koordinaten des Punktes B in bezug auf Punkt A, also x_{BA}/y_{BA}. Vom Punkt B sind die Polarkoordinaten r und φ bekannt. Aus diesen lassen sich durch Umrechnung (PR-Rechnung, siehe 1.1.3) die rechtwinkligen Koordinaten x_{BA}/y_{BA} bestimmen. Anschließend führt man eine Parallelverschiebung des Koordinatensystems durch, so daß der Koordinatenursprung in den Punkt D kommt. Die Koordinaten des Punktes B in Bezug auf Punkt D sind dann:

$$x_{BD} = x_{BA} - l_0$$
$$y_{BD} = y_{BA}.$$

Nun kann man aus den Koordinaten x_{BD}/y_{BD} wiederum die Polarkoordinaten des Punktes B, jetzt aber auf Punkt D bezogen, bestimmen (RP-Rechnung). Man erhält die Werte l und ϑ als Polarkoordinaten des Punktes B bezogen auf Punkt D. Es ist ferner $\rho = 180° - \vartheta$.

Dieser Weg funktioniert fehlerlos für sämtliche Winkelwerte von φ; er benötigt darüberhinaus erheblich weniger Programmschritte als der Weg über den Sinus- oder Cosinussatz.

> Man sollte, wo immer es geht, von der Methode der wechselseitigen Umrechnung von Polar- in rechtwinklige Koordinaten und umgekehrt, sowie der Verschiebung des Koordinatensystemes Gebrauch machen.

Nachdem nun der Winkel ρ bestimmt ist, muß die Neigung der Strecke f, die vom Punkt B zum Punkt E führt, bestimmt werden. Dies ist der Winkel γ. Aus Bild 3-2 läßt sich ablesen, daß $\gamma + \rho = \sigma + \beta$ ist. Da Winkel β vorgegeben, und ρ inzwischen berechnet ist, fehlt nur noch der Winkel σ. Dieser Winkel (σ) kann in keinem Falle größer als 180° werden. Man kann ihn daher unbedenklich mit Hilfe des Cosinussatzes berechnen:

$$\sigma = \arccos \frac{k^2 + l^2 - s^2}{2kl} .$$

Es sind nun alle Werte für die Berechnung der Koordinaten des Punktes E in Bezug auf Punkt B vorhanden. Die Polarkoordinaten des Punktes E in bezug auf B sind der Winkel γ und die Strecke f. Eine Umrechnung dieser Polarkoordinaten in rechtwinklige liefert die Koordinaten von E in Bezug auf B, also x_{EB}/y_{EB}.

Um die Koordinaten des Punktes E in bezug auf A zu erhalten, ist wiederum eine Koordinatenverschiebung vom augenblicklichen Ursprungspunkt B in den Ursprungspunkt A erforderlich:

$$x_{EA} = x_{EB} + x_{BA}; y_{EA} = y_{EB} + y_{BA}.$$

Die Koordinaten von Punkt B in bezug auf Punkt A, also x_{BA}/y_{BA} wurden schon am Anfang dieser Betrachtung berechnet, und stehen gespeichert zur Verfügung.

Man hat so die Koordinaten des Punktes E gefunden, die zu der Kurbelstellung φ gehören. Um die Bahn des Punktes E aufzeichnen zu können, führt man die beschriebene Rechnung für fortlaufende Winkel φ durch (z.B. alle 15°). Werden die Koordinaten x/y des Punktes E jeweils aufgezeichnet oder geplottet, stellt der Linienzug durch die aufgezeichneten Punkte die Koppelkurve dar, längs der sich der Punkt E bewegt.

Sämtliche in den nachfolgenden Kapiteln beschriebenen Getriebe sind nach der gleichen Methode bearbeitet. Der Rechenweg ist dort in Kurzform angegeben.

4 Programmablauf

Die in den folgenden Kapiteln 5.1 bis 5.10 dargestellten Getriebe werden alle mit einem einander ähnlichen Programmaufbau behandelt. Es genügt daher eine einmalige prinzipielle Darstellung dieses Programmaufbaues.

Um die Koordinaten der Koppelkurve eines Getriebepunktes auszudrucken, ist jedoch ein einfacheres Programm angebracht, als ein solches, bei dem auch noch Beschleunigung und Geschwindigkeit berechnet werden sollen. Man kann daher unterscheiden:

1. Programm zur fortlaufenden Berechnung und zum Ausdruck der Koordinaten eines Getriebepunktes.
2. Programm zum graphischen Aufzeichnen der Bewegung eines Getriebepunktes.
3. Programm zur fortlaufenden Berechnung und zum Ausdruck von Koordinaten, Geschwindigkeit und Beschleunigung eines Getriebepunktes.
4. Kombiniertes Programm zum Ausdrucken und graphischen Aufzeichnen von Weg, Geschwindigkeit und Beschleunigung eines Getriebepunktes.

Spezielle Hinweise sind in den nachfolgenden Kapiteln den dortigen Programmen noch beigefügt. Ebenso sind dort die Zugehörigkeiten von mathematischen Formelzeichnen zu den dem Computer einzugebenden Zeichen (Variablen) angegeben. Der Aufbau der Programme entsprechend den Punkten 1. bis 4. sieht folgendermaßen aus:

4.1 Programm zur fortlaufenden Berechnung und zum Ausdruck der Koordinaten eines Getriebepunktes

Zeilen:

10 bis 40	Überschrift, Anweisungen, Eingaben, Bestätigung der Eingaben durch Ausdrucken.
50 bis 90	Berechnung der Koordinaten des Getriebepunktes, wobei automatisch um den Winkelsprung $\Delta\varphi$ weitergegangen wird.
100 bis 140	Ausdrucken des Kurbelwinkels φ und der zugehörigen Koordinaten.
500 bis 514	Unterprogramm zur Umrechnung von Polar- in rechtwinklige Koordinaten und umgekehrt (PR-Rechnung).

4.2 Programm zum graphischen Aufzeichnen der Bewegung eines Getriebepunktes

Zeilen:

10	Überschrift, Anweisungen, Eingaben;
bis	Bestätigung der Eingaben durch
40	Ausdrucken der eingegebenen Werte.
50	Berechnung der Koordinaten des Getriebepunktes,
bis	
90	
100	Bestimmung des größten und kleinsten x-Wertes,
·	den der Getriebepunkt einnimmt. Danach Berechnung
bis	eines Normierungsfaktors, um die Bahn des Ge-
·	triebepunktes auf der zur Verfügung stehenden
140	Papierbreite des Druckers unterbringen zu können.
150	Berechnung der Druckposition, und
bis	Druckanweisung zum Aufzeichnen
190	der Bahn des Getriebepunktes.
500	
bis	Unterprogramm, PR-Rechnung (wie in 4.1).
514	

4.3 Programm zur fortlaufenden Berechnung und zum Ausdruck von Koordinaten, Geschwindigkeit und Beschleunigung eines Getriebepunktes

Zeilen:

10	Überschrift, Anweisungen, Eingaben,
bis	Bestätigung der Eingaben durch
40	Ausdrucken der eingegebenen Werte.
50	Berechnung von Koordinaten, Geschwindigkeit und
·	Beschleunigung. Hierbei werden zur Berechnung der
·	Beschleunigung drei Getriebelagen verwendet, die
·	jeweils um 1° Kurbelwinkel auseinanderliegen.
·	(NEXT-I-Schleife). Zur Berechnung der Geschwin-
·	digkeit werden die um zwei Grad Kurbelwinkel
90	auseinanderliegenden Punkte 1 und 3 benutzt.
100	
bis	Ausdruck der Ergebnisse.
140	
500	
bis	Unterprogramm, PR-Rechnung.
514	

4.4 Kombiniertes Programm zum wahlweise Ausdrucken oder graphischen Aufzeichnen von Weg, Geschwindigkeit und Beschleunigung eines Getriebepunktes

Zeilen:

10 bis 40	Überschrift, Anweisungen, Eingaben; Bestätigung der Eingaben durch Ausdrucken der eingegebenen Werte.
50 bis 90	Berechnung von Weg, Geschwin- digkeit und Beschleunigung. Siehe hierzu auch 4.3.
500 bis 514	Unterprogramm für PR-Rechnung (falls für den speziellen Fall benötigt).
800 bis 990	Anweisungen zum graphischen Aufzeichnen.

5 Einfache Kurbelgetriebe

5.1 Gradschubkurbel mit zentrischer Führung

Eines der wohl am häufigsten vorkommenden Getriebe ist in Bild 5-1 abgebildet. Die Kurbel AB = r dreht mit der Winkelgeschwindigkeit ω und bewegt dabei den Kreuzkopf oder Kolben geradlinig hin und her. Die Bewegungsrichtung von C geht durch den Kurbeldrehpunkt A. C' ist die rechte Totlage des Kreuzkopfes. Es ist die Abhängigkeit des Kreuzkopfweges s vom Kurbelwinkel φ gesucht.

Aus Bild 5-1 findet man:

$$s = l_0 - g - f; \quad l_0 = r + l; \quad f = r \cdot \cos\varphi; \quad g = \sqrt{l^2 - (r \cdot \sin\varphi)^2}.$$

Die einzelnen Ausdrücke eingesetzt ergeben:

$$s = r(1 - \cos\varphi) + l - \sqrt{l^2 - (r \cdot \sin\varphi)^2}.$$

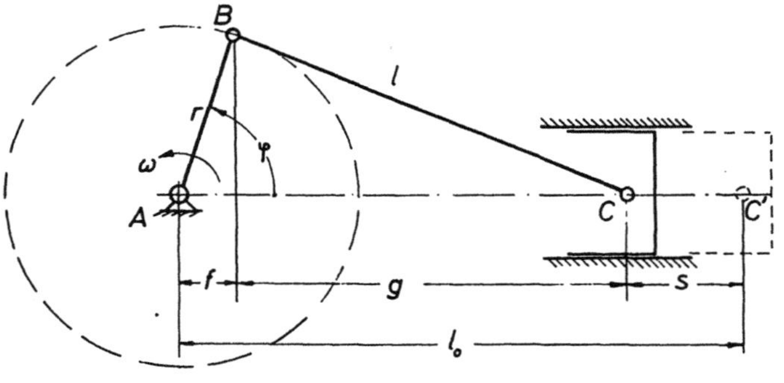

Bild 5.1

Zur Berechnung der Geschwindigkeit v und Beschleunigung a des Kreuzkopfes bei konstanter Winkelgeschwindigkeit ω geht man wie in 1.5.3 beschrieben vor:

a) Es werden 3 Kreuzkopfstellungen s_1, s_2 und s_3 berechnet, die eng beeinander liegen. Dazu wird die Kurbel jeweils um 1° weitergedreht.

b) $v = \frac{\Delta s}{\Delta t} = \frac{s_3 - s_1}{\Delta t}$ mit $\Delta t = \frac{2^\circ \cdot \pi}{180^\circ \cdot \omega}$.

c) $a = \frac{\Delta v}{\Delta t} = \frac{1}{\Delta t} \cdot \left(\frac{s_3 - s_2}{\Delta t} - \frac{s_2 - s_1}{\Delta t}\right) = \frac{s_3 - 2 \cdot s_2 + s_1}{\Delta t^2}$ mit $\Delta t = \frac{1^\circ \cdot \pi}{180^\circ \cdot \omega}$

Dies ist die Beschleunigung des Kreuzkopfes in der Kurbelstellung s_2.

Programm 5-1

Zugehörigkeit der Formelzeichen zu Variablen (Speichern):

$r \rightarrow R$	$\varphi \rightarrow P$	$\Delta\varphi \rightarrow DP$
$l \rightarrow L$	$s \rightarrow S$	$a \rightarrow A$
$\omega \rightarrow W$	$v \rightarrow V$	$\Delta t \rightarrow DT$

Das Programm 5-1 liefert sowohl Zahlenausdruck als auch eine graphische Aufzeichnung von Weg, Geschwindigkeit und Beschleunigung des Kreuzkopfes in Abhängigkeit vom Kurbelwinkel.

Im einzelnen ist:

Zeile:

12 Eingabewerte. Bei der Frage „Graph?" gibt der Benutzer 0 oder 1 ein. Wird 0 eingegeben, erfolgt ein Zahlenausdruck; wird 1 eingegeben, folgt die Aufforderung zur Eingabe der Konstanten $K_{1...4}$.

814 Diese Konstanten sind nötig, um die Zahlenwerte der Rechnung optimal auf der zur Verfügung stehenden Papierbreite des Plotters graphisch unterzubringen.

Es ist: $K_1 = \frac{210}{s_{max}}$; $K_2 = \frac{110}{v_{max}}$; $K_3 = \frac{110}{a_{max}}$; $K_4 = \frac{4}{3}$.

Um die Maximalwerte für Weg (s_{max}), Geschwindigkeit (v_{max}) und Beschleunigung (a_{max}) zu erhalten, ist es nötig, das Programm zunächst im Modus „Zahlenausdruck", also mit G = 0, laufen zu lassen. Man kann hierbei einen recht großen Winkelsprung von beispielsweise $\Delta\varphi = 30°$ verwenden. Aus dem Zahlenausdruck sucht man sich die Größtwerte für s, v und a heraus.

10 bis 116 Dienen zum Berechnen und Ausdrucken der Zahlenwerte von s, v und a bei verschiedenem Kurbelwinkel φ.

816 legt die Schreibrichtung fest.

980 bis 984 steuern jeweils die nächste Zeile.

900 und 902 zeichnen das Koordinatensystem.

904 bis 910 schreiben auf der x-Achse (im Computeroriginal ist das die neg. y-Achse) die Gradzahlen: 0, 90, 180, 270, 360

950 schreibt die s-Kurve (S4)

960 schreibt die v-Kurve (V4)

970 schreibt die a-Kurve (A4)

Im **Farbanhang** befinden sich auf diesem Wege gezeichnete Diagramme.

Programm 5-1 Gradschubkurbel, zentrische Führung, Berechnung und graphischer Ausdruck

```
 10:LPRINT "Alle W
    erte in mm, s
    und Grad einge
    ben."
 12:INPUT "r=";R,"
    l=";L,"w=";W,"
    DP=";DP,"Graph
    ?";G
 13:LPRINT
 14:ON GGOTO 814
 16:LPRINT "Eingeg
    eben:"
 17:LPRINT "r=";R;
    " mm"
 18:LPRINT "l=";L;
    " mm"
 20:LPRINT "w=";W;
    " 1/s"
 21:LPRINT "DP=";D
    P;" Grad"
 22:LPRINT
 24:LPRINT "Ergebn
    isse:"
 50:P=0
 52:DIM S(3)
 54:FOR I=1TO 3
 56:S(I)=R*(1-COS
    (P-1))+L-√(L^2
    -(R*SIN (P-1))
    ^2)
 58:P=P+1:NEXT I
 60:P=P-3:DT=π/180
    /W
 62:V=(S(3)-S(1))/
    2000/DT
 64:A=(S(3)-2*S(2)
    +S(1))/1000/DT
    ^2
 66:ON GGOTO 930
100:LPRINT "P=";P;
    " Grad"
102:USING "####.##
    #"
104:LPRINT "s=";S(
    2);" mm"
106:LPRINT "v=";V;
    " m/s"
108:LPRINT "a=";A;
    " m/s^2"
110:LPRINT
112:P=P+DP
114:IF P>360STOP
116:GOTO 54
814:M=1:P=0:F=0:
    GRAPH :INPUT "
    K1=";K1,"K2=";
    K2,"K3=";K3,"K
    4=";K4
816:ROTATE 1
818:GOSUB 980
820:LPRINT "Eingeg
    eben:"
822:GOSUB 980
824:LPRINT "r=";R;
    " mm"
826:GOSUB 980
828:LPRINT "l=";L;
    " mm"
830:GOSUB 980
832:LPRINT
834:GOSUB 980
836:LPRINT
840:GOSUB 980
846:COLOR 3:LPRINT
    "a=rot"
848:GOSUB 980
850:COLOR 2:LPRINT
    "v=gruen"
852:GOSUB 980
854:COLOR 1:LPRINT
    "s=blau"
870:GLCURSOR (110,
    -160):SORGN
900:LINE (-110,0)-
    (110,0),4,0
902:LINE (0,0)-(0,
    -500),4,0
904:FOR J=0TO 4
906:N=120*J
908:GLCURSOR (-20,
    -N+20):LPRINT
    0.75*N
910:NEXT J
914:GLCURSOR (0,0)
    :GOTO 52
930:S4=K1*S(2)-110
932:V4=K2*V
934:A4=K3*A
936:P4=K4*P
940:IF P>360GOTO 9
    44
942:ON MGOTO 950,9
    60,970,975
944:M=M+1:GLCURSOR
    (0,0):P=0:GOTO
    54
950:LINE -(S4,-P4)
    ,0,1
952:P=P+DP
954:GOTO 54
960:LINE -(V4,-P4)
    ,0,2
962:GOTO 952
970:LINE -(A4,-P4)
    ,0,3
972:GOTO 952
975:END
980:GLCURSOR (200-
    F,0)
982:F=F+20
984:RETURN
```

Zahlenwert-Ausdruck von **Programm 5-1**

```
Alle Werte in mm,
s und Grad eingebe
n.
Eingegeben:
r= 40 mm
l= 60 mm
w= 100 1/s
DP= 40 Grad

Ergebnisse:

P= 0 Grad
s=    0.0000 mm
v=    0.0000 m/s
a=  666.6384 m/s^2

P=   40.0000 Grad
s=   15.1464 mm
v=    4.0240 m/s
a=  396.6007 m/s^2

P=   80.0000 Grad
s=   47.7965 mm
v=    4.5434 m/s
a=-254.6318 m/s^2

P=  120.0000 Grad
s=   71.0102 mm
v=    2.0500 m/s
a=-322.4703 m/s^2
```

5.2 Gradschubkurbel mit exzentrischer Führung

Bei diesem Getriebe geht die Bewegungsrichtung des Kreuzkopfes um den Betrag der Exzentrizität e am Drehpunkt A der Kurbel vorbei. Die Folge davon ist eine Unsymmetrie im Bewegungsablauf. Um – im gezeichneten Fall von der rechten Totlage C' in die linke zu gelangen, benötigt der Kreuzkopf mehr Zeit, als wieder zurück in die rechte Totlage. Im **Farbanhang** wird der Vorgang durch eine graphische Aufzeichnung deutlich. Die Exzentrizität e erhält, wenn sie – wie gezeichnet – oberhalb vom Drehpunkt A liegt, einen positiven Wert; entgegengesetzt einen negativen Zahlenwert.

Zur Berechnung des Kreuzkopfweges s in Abhängigkeit vom Kurbelwinkel φ können die folgenden, aus Bild 5-2 ablesbaren Beziehungen verwendet werden:

$$s = l_0 - g - f; \quad l_0 = \sqrt{(r + l)^2 - e^2}; \quad g = \sqrt{l^2 - (r \cdot \sin\varphi - e)^2}; \quad f = r \cdot \cos\varphi.$$

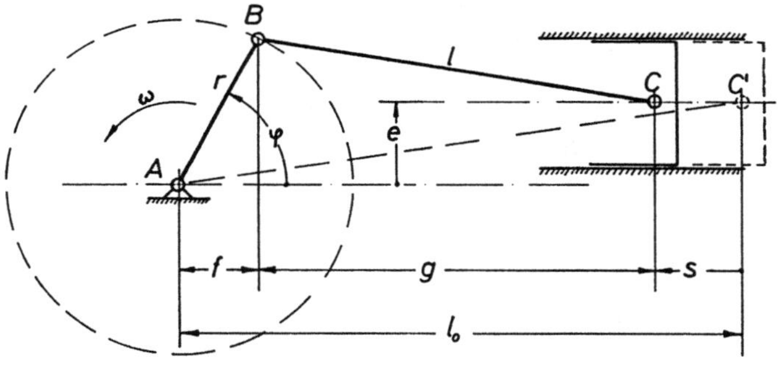

Bild 5.2

Die Berechnung der Geschwindigkeit und Beschleunigung erfolgt in der gleichen Weise, wie dies in 5.1 beschrieben ist.

Programm 5-2 liefert wahlweise:

a) Zahlenausdruck des Weges s, der Geschwindigkeit v und der Beschleunigung a in Abhängigkeit vom Kurbelwinkel φ, oder
b) eine graphische Darstellung von Weg, Geschwindigkeit und Beschleunigung über dem Kurbelwinkel φ.

Der Aufbau von Programm 5-2 ist identisch mit dem Programm 5-1. Programmerklärung bei 5.1.

Weitere Zugehörigkeiten der Formelzeichen zu Variablen:

$g \rightarrow G1; \quad l_0 \rightarrow L\phi; \quad f \rightarrow F; \quad e \rightarrow E.$

Programm 5-2 Zur Kontrolle können mit e = 0 die Werte vom Zahlenausdruck 5-1 verwendet werden.

```
10:LPRINT "Alle W
   erte in mm, s
   und Grad einge
   ben."
12:INPUT "r=";R,"
   l=";L,"e=";E,"
   w=";W,"DP=";DP
   ,"Graph?";G
13:LPRINT
14:ON GGOTO 800
16:LPRINT "Eingeg
   eben:"
17:LPRINT "r=";R;
   " mm"
18:LPRINT "l=";L;
   " mm"
20:LPRINT "e=";E;
   " mm"
22:LPRINT "w=";W;
   " 1/s"
24:LPRINT "DP=";D
   P;" Grad"
26:LPRINT
30:LPRINT "Ergebn
   isse:"
50:P=0
52:DIM S(3):L0=√(
   (L+R)^2-E^2)
54:FOR I=1TO 3
56:P1=P-1:G1=√(L^
   2-(R*SIN P1-E)
   ^2):F=R*COS P1
   :S(I)=L0-F-G1
70:P=P+1:NEXT I
72:P=P-3:DT=π/180
   /W
74:V=(S(3)-S(1))/
   2000/DT
76:A=(S(3)-2*S(2)
   +S(1))/1000/DT
   ^2
80:ON GGOTO 930
100:LPRINT "P=";P;
    " Grad"
102:USING "####.##
    #"
104:LPRINT "s=";S(
    2);" mm"
106:LPRINT "v=";V;
    " m/s"
108:LPRINT "a=";A;
    " m/s^2"
110:LPRINT
130:P=P+DP
132:IF P>360STOP
134:GOTO 54
800:M=1:P=0:F=0:
    GRAPH :INPUT "
    K1=";K1,"K2=";
    K2,"K3=";K3,"K
    4=";K4
805:ROTATE 1
810:GOSUB 980
812:LPRINT "Eingeg
    eben:"
814:GOSUB 980
816:LPRINT "r=";R;
    " mm"
818:GOSUB 980
820:LPRINT "l=";L;
    " mm"
822:GOSUB 980
824:LPRINT "e=";E;
    " mm"
826:GOSUB 980
828:LPRINT
830:GOSUB 980
832:LPRINT
834:GOSUB 980
840:COLOR 3:LPRINT
    "a=rot"
842:GOSUB 980
844:COLOR 2:LPRINT
    "v=gruen"
846:GOSUB 980
848:COLOR 1:LPRINT
    "s=blau"
870:GLCURSOR (110,
    -160):SORGN
880:LINE (-110,0)-
    (110,0),4,0
890:LINE (0,0)-(0,
    -500),4,0
900:FOR J=0TO 4
904:N=120*J
908:GLCURSOR (-20,
    -N+20):LPRINT
    0.75*N
910:NEXT J
914:GLCURSOR (0,0)
    :GOTO 52
930:S4=K1*S(2)-110
932:V4=K2*V
934:A4=K3*A
936:P4=K4*P
940:IF P>360GOTO 9
    44
942:ON MGOTO 950,9
    60,970,975
944:M=M+1:GLCURSOR
    (0,0):P=0:GOTO
    54
950:LINE -(S4,-P4)
    ,0,1
952:P=P+DP
954:GOTO 54
960:LINE -(V4,-P4)
    ,0,2
962:GOTO 952
970:LINE -(A4,-P4)
    ,0,3
972:GOTO 952
975:END
980:GLCURSOR (200-
    F,0)
982:F=F+20
984:RETURN
```

5.3 Schwingende Kurbelschleife, Gleitstein an der Kurbel, zentrische Führung

Die das Getriebe antreibende Kurbel AB = r dreht mit der Winkelgeschwindigkeit ω_A um den Punkt A, während Punkt B in der Gleitbahn der um den Punkt D drehbaren Schwinge gleitet. Punkt C der Schwinge bewegt sich auf einem Kreisbogen mit dem Radius *l*. Dabei benötigen Hin- und Hergang des Punktes C unterschiedliche Zeiten. Da der Weg des Punktes C bekannt ist, mag es sinnvoll sein, die Drehbewegung der Schwinge DC als Funktion des Kurbelwinkels φ darzustellen. Man erhält die Geschwindigkeit des Punktes C aus: $v_c = l \cdot \omega_D$. Die Tangentialbeschleunigung von Punkt C ist: $a_c^t = l \cdot \alpha_D$. Die Berechnung von Winkelgeschwindigkeit ω_D, Winkelbeschleunigung α_D und Zeitintervall Δt erfolgt mit Hilfe der in 1.5.2 bis 1.5.5 angegebenen Formeln:

$$\Delta t = \frac{\Delta\varphi \cdot \pi}{\omega_A \cdot 180}$$

$$\omega_D = \frac{(\beta_3 - \beta_1)}{2 \cdot \Delta t} \cdot \frac{\pi}{180};$$

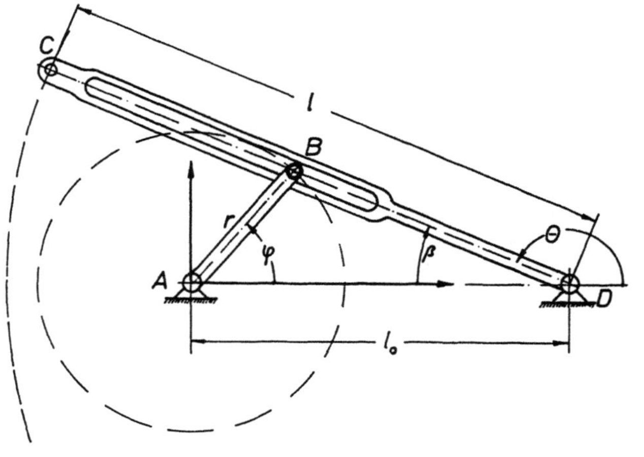

Bild 5.3

Δt eingesetzt, liefert mit $\Delta\varphi = 1°$:

$$\boxed{\omega_D = (\beta_3 - \beta_1) \cdot \frac{\omega_A}{2}}$$

$$\alpha_D = (\beta_3 - 2 \cdot \beta_2 + \beta_1) \frac{1}{\Delta t^2} \cdot \frac{\pi}{180}$$

$$\boxed{\alpha_D = (\beta_3 - 2 \cdot \beta_2 + \beta_1) \cdot \frac{180}{\pi} \cdot \omega_A^2}.$$

Zur Berechnung von Weg, Geschwindigkeit und Beschleunigung in Abhängigkeit der Getriebegeometrie sowie des Kurbelwinkels φ kann man folgendermaßen vorgehen (Bild 5-3): Mit r und φ werden über eine PR-Rechnung die Koordinaten des Punktes B in bezug auf Punkt A(x_{BA}/y_{BA}) bestimmt. Sodann wird der Koordinatenursprung in den Punkt D gelegt. Damit erhält man die Koordinaten des Punktes B in bezug auf Punkt D zu: $x_{BD} = x_{BA} - l_0$ und $y_{BD} = y_{BA}$. Über eine PR-Rechnung mit den Werten von x_{BD} und y_{BD} erhält man den Winkel Θ und – den in diesem Falle nicht interessierenden – Abstand $\overline{BD}$. Weiterhin ist $\beta = 180 - \Theta$. Mit β sowie der zeitlichen Änderung von β lassen sich die Winkelgeschwindigkeit ω_D und die Winkelbeschleunigung α_D bestimmen.

Programm 5-3 liefert:

a) Ausdruck der Werte von φ; β; v_c; a_c^t.
b) Graphische Darstellung von β; v_c; a_c^t über dem Kurbelwinkel φ.

Programm 5-3 Schwingende Kurbelschleife, Gleitstein an der Kurbel, zentrische Führung.

```
10:LPRINT "Alle W
   erte in mm, s
   und Grad einge
   ben."
12:INPUT "r=";R,"
   l=";L,"lo=";L0
   ,"w=";W,"DP=";
   DP,"Graph?";G
13:LPRINT
14:ON GGOTO 800
16:LPRINT "Eingeg
   eben:"
17:LPRINT "r=";R;
   " mm"
18:LPRINT "l0=";L
   0;" mm"
19:LPRINT "l=";L;
   " mm"
22:LPRINT "w=";W;
   " 1/s"
24:LPRINT "DP=";D
   P;" Grad"
26:LPRINT
30:LPRINT "Ergebn
   isse:"
50:P=0
52:DIM B(3)
54:FOR I=1TO 3:P1
   =P-1
56:RU=R:WU=P1:
   GOSUB 500
58:XU=XU-L0:GOSUB
   504
60:B(I)=180-WU:P=
   P+1
70:NEXT I
72:P=P-3
74:WD=(B(3)-B(1))
   *W/2
76:AD=(B(3)-2*B(2
   )+B(1))*180/π*
   W^2
78:V=WD*L/1000:A=
   AD*L/1000
80:ON GGOTO 930
100:LPRINT "P=";P;
    " Grad"
102:USING "####.##
    #"
104:LPRINT "B=";B(
    2);" Grad"
106:LPRINT "v=";V;
    " m/s"
108:LPRINT "a=";A;
    " m/s^2"
110:LPRINT
130:P=P+DP
132:IF P>360STOP
134:GOTO 54
500:XU=RU*COS WU:Y
    U=RU*SIN WU
502:RETURN
504:RU=√(XU^2+YU^2
    )
506:IF YU<0GOTO 51
    2
508:WU=ACS (XU/RU)
510:RETURN
512:WU=360-ACS (XU
    /RU)
514:RETURN
800:M=1:P=0:F=0:
    GRAPH :INPUT "
    K1=";K1,"K2=";
    K2,"K3=";K3
805:ROTATE 1
810:GOSUB 980
812:LPRINT "Eingeg
    eben:"
814:GOSUB 980
816:LPRINT "r=";R;
    " mm"
818:GOSUB 980
820:LPRINT "l=";L;
    " mm"
822:GOSUB 980
824:LPRINT "L0=";L
    0;" mm"
826:GOSUB 980
828:LPRINT
830:GOSUB 980
832:LPRINT
834:GOSUB 980
840:COLOR 3:LPRINT
    "a=rot"
842:GOSUB 980
844:COLOR 2:LPRINT
    "v=gruen"
846:GOSUB 980
848:COLOR 1:LPRINT
    "B=blau"
870:GLCURSOR (110,
    -160):SORGN
880:LINE (-110,0)-
    (110,0),4,0
890:LINE (0,0)-(0,
    -500),4,0
900:FOR J=0TO 4
904:N=120*J
908:GLCURSOR (-20,
    -N+20):LPRINT
    0.75*N
910:NEXT J
914:GLCURSOR (0,0)
    :GOTO 52
930:S4=K1*B(2)
932:V4=K2*V
934:A4=K3*A
936:P4=4/3*P
940:IF P>360GOTO 9
    44
942:ON MGOTO 950,9
    60,970,975
944:M=M+1:GLCURSOR
    (0,0):P=0:GOTO
    54
950:LINE -(S4,-P4)
    ,0,1
952:P=P+DP
954:GOTO 54
960:LINE -(V4,-P4)
    ,0,2
962:GOTO 952
970:LINE -(A4,-P4)
    ,0,3
972:GOTO 952
975:END
980:GLCURSOR (200-
    F,0)
982:F=F+20
984:RETURN
```

Programm 5-3 Beispiel eines Zahlenwert-Ausdrucks des Programmes 5-3.

```
Alle Werte in mm,
s und Grad eingebe
n.

Eingegeben:
r= 50 mm
l0= 80 mm
l= 160 mm
w= 10 1/s
DP= 10 Grad

Ergebnisse:
P= 0 Grad
B=     0.000 Grad
v=     2.665 m/s
a=     0.000 m/s^2

P=    10.000 Grad
B=    15.762 Grad
v=     2.253 m/s
a=   -41.495 m/s^2

P=    20.000 Grad
B=    27.382 Grad
v=     1.457 m/s
a=   -44.655 m/s^2

P=    30.000 Grad
B=    34.263 Grad
v=     0.782 m/s
a=   -32.101 m/s^2

P=    40.000 Grad
B=    37.623 Grad
v=     0.325 m/s
a=   -20.888 m/s^2
```

Zugehörigkeit der Formelzeichen zu den Variablen:

$r \to R$;	$l_0 \to L\phi$;	$\varphi \to P$;	$\Delta t \to DT$;
$\omega \to W$;	$l \to L$;	$\Delta\varphi \to DP$;	$\beta \to B$;
$v \to V$;	$a^t \to A$;	$\omega_D \to WD$;	$\alpha_D \to AD$

$\Delta\varphi$ = DP ist der Winkelsprung zum nächsten Berechnungsgang, z.B. $\Delta\varphi = 30°$
XU; YU; WU; RU sind die bei der PR-Umrechnung verwendeten Bezeichnungen.
Über die Bedienung des Programmes siehe Kap. 4 und 5.1.

5.4 Schwingende Kurbelschleife, Gleithülse an der Kurbel, exzentrische Führung

Dieses Getriebe erzeugt einen Bewegungsablauf, der dem von 5.3 sehr ähnlich ist. Bei der in Bild 5-4 gezeichneten Anordnung ist die Abwärtsbewegung des Punktes C langsamer als die Aufwärtsbewegung. Siehe hierzu auch die Diagramme im **Farbanhang**. Wegen der vorhandenen Exzentrizität sind jedoch der Geschwindigkeits- und Beschleunigungsverlauf des Punktes C unsymmetrisch.

Zur Berechnung des Winkels β kann man folgendermaßen vorgehen (Bild 5-4):

Mit r und φ werden über eine PR-Rechnung die Koordinaten von Punkt B in bezug auf Punkt A bestimmt (x_{BA}/y_{BA}). Die Verlegung des Koordinatenursprunges in den Punkt D liefert: $x_{BD} = x_{BA} - l_0$; $y_{BD} = y_{BA}$.

Über eine PR-Rechnung mit x_{BD} und y_{BD} erhält man die Größen von Winkel γ und der Strecke $\overline{BD} = l$.

Zur Berechnung des Winkels ϵ wird die Strecke q benötigt. Man findet:

$$p = \sqrt{l^2 - e^2}\,; \quad q = l_1 - p, \quad \text{und damit} \quad \epsilon = \arccos\left(\frac{l^2 + R^2 - q^2}{2 \cdot l \cdot R}\right)$$

aus dem Dreieck DCB.

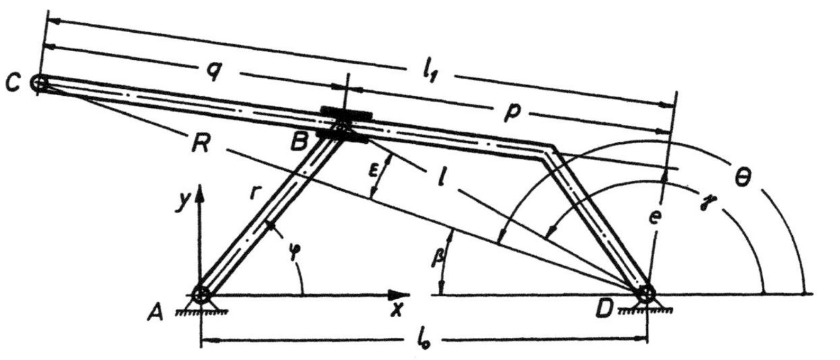

Bild 5.4

Ferner ist Winkel $\beta = 180 - \gamma - \epsilon$.

Die zeitliche Änderung des Winkels β liefert die Winkelgeschwindigkeit ω_D und die Winkelbeschleunigung α_D der Schwinge CBD.

Zur Berechnung von Geschwindigkeit und Tangentialbeschleunigung des Punktes C siehe 5.3 und 5.1.

Programm 5-4 liefert sowohl Zahlenausdruck als auch graphische Darstellung. Zur Bedienung des Programmes siehe 5.1.

Die im Programm 5-4 verwendete Zugehörigkeit der Formeln zu Variablen:

$r \to R$	$l_0 \to L\phi$	$\varphi \to P; P_1$	$\omega \to W$	$v_D \to V$
$R \to R_1$	$e \to E$	$\epsilon \to WE$	$\omega_D \to WD$	$\Delta\varphi \to DP$
$l \to L$	$p \to P_2$	$\gamma \to G_1$	$a^t \to A$	
$l_1 \to L1$	$q \to Q$	$\beta \to B$	$\alpha_D \to A_D$	

XU; YU; RU; WU sind die Koordinaten für PR-Rechnung.

Programm 5-4 Schwingende Kurbelschleife. Gleithülse an der Kubel, exzentrische Führung.

```
10:LPRINT "Alle W
   erte in mm, s
   und Grad einge
   ben."
12:INPUT "r=";R,"
   R=";R1,"lo=";L
   0,"e=";E,"w=";
   W,"DP=";DP,"Gr
   aph?";G
13:LPRINT
14:ON GGOTO 800
16:LPRINT "Eingeg
   eben:"
17:LPRINT "r=";R;
   " mm"
18:LPRINT "lo=";L
   0;" mm"
19:LPRINT "R=";R1
   ;" mm"
20:LPRINT "e=";E;
   " mm"
22:LPRINT "w=";W;
   " 1/s"
24:LPRINT "DP=";D
   P;" Grad"
26:LPRINT
30:LPRINT "Ergebn
   isse:"
50:P=0:L1=√(R1^2-
   E^2)
52:DIM B(3)
54:FOR I=1TO 3:P1
   =P-1
56:RU=R:WU=P1:
   GOSUB 500
58:XU=XU-L0:GOSUB
   504
60:G1=WU:L=RU:P2=
   √(L^2-E^2):Q=L
   1-P2:WE=ACS ((
   L^2+R1^2-Q^2)/
   2/L/R1)
62:B(I)=180-G1-WE
   :P=P+1
70:NEXT I
```

Fortsetzung Programm 5.4

```
 72:P=P-3
 74:WD=(B(3)-B(1))
    *W/2
 76:AD=(B(3)-2*B(2
    )+B(1))*180/π*
    W^2
 78:V=WD*R1/1000:A
    =AD*R1/1000
 80:ON GGOTO 930
100:LPRINT "P=";P;
    " Grad"
102:USING "####.##
    #"
104:LPRINT "B=";B(
    2);" Grad"
106:LPRINT "v=";V;
    " m/s"
108:LPRINT "a=";A;
    " m/s^2"
110:LPRINT
112:USING
130:P=P+DP
132:IF P>360STOP
134:GOTO 54
500:XU=RU*COS WU:Y
    U=RU*SIN WU
502:RETURN
504:RU=√(XU^2+YU^2
    )
506:IF YU<0GOTO 51
    2
508:WU=ACS (XU/RU)
510:RETURN
512:WU=360-ACS (XU
    /RU)
514:RETURN
800:M=1:P=0:F=0:
    GRAPH :INPUT "
    K1=";K1,"K2=";
    K2,"K3=";K3
805:ROTATE 1
810:GOSUB 980
812:LPRINT "Eingeg
    eben:"
814:GOSUB 980
816:LPRINT "r=";R;
    " mm"
818:GOSUB 980
820:LPRINT "R=";R1
    ;" mm"
822:GOSUB 980
824:LPRINT "lo=";L
    0;" mm"
826:GOSUB 980
828:LPRINT "e=";E;
    " mm"
830:GOSUB 980
832:LPRINT
834:GOSUB 980
840:COLOR 3:LPRINT
    "a=rot"
842:GOSUB 980
844:COLOR 2:LPRINT
    "v=gruen"
846:GOSUB 980
848:COLOR 1:LPRINT
    "B=blau"
870:GLCURSOR (110,
    -160):SORGN
880:LINE (-110,0)-
    (110,0),4,0
890:LINE (0,0)-(0,
    -500),4,0
900:FOR J=0TO 4
904:N=120*J
908:GLCURSOR (-20,
    -N+20):LPRINT
    0.75*N
910:NEXT J
914:GLCURSOR (0,0)
    :GOTO 50
930:S4=K1*B(2)
932:V4=K2*V
934:A4=K3*A
936:P4=4/3*P
940:IF P>360GOTO 9
    44
942:ON MGOTO 950,9
    60,970,975
944:M=M+1:GLCURSOR
    (0,0):P=0:GOTO
    54
950:LINE -(S4,-P4)
    ,0,1
952:P=P+DP
954:GOTO 54
960:LINE -(V4,-P4)
    ,0,2
962:GOTO 952
970:LINE -(A4,-P4)
    ,0,3
972:GOTO 952
975:END
980:GLCURSOR (200-
    F,0)
982:F=F+20
984:RETURN
```

Beispiel: Zahlenwert-Ausdruck des Programmes 5-4

```
Alle Werte in mm,
s und Grad eingebe
n.

Eingegeben:
r= 50 mm
lo= 110 mm
R= 170 mm
e= 20 mm
w= 10 1/s
DP= 30 Grad

Ergebnisse:
P= 0 Grad
B= -12.714 Grad
v=    1.416 m/s
a=    9.178 m/s^2

P= 30 Grad
B=   10.996 Grad
v=    1.027 m/s
a=  -17.269 m/s^2

P= 60 Grad
B=   21.649 Grad
v=    0.237 m/s
a=  -11.327 m/s^2

P= 90 Grad
B=   21.672 Grad
v=   -0.183 m/s
a=   -5.437 m/s^2
```

5.5 Pendelnde Kurbelschleife, Schleifer an der Schwinge, zentrische Führung

Bei diesem Getriebe beschreibt Punkt D eine geschlossene Kurve unterschiedlicher Form. Der Antrieb erfolgt über die Kurbel AB = r, die um den Punkt A dreht (Bild 5-5). Der Kurbelzapfen B schiebt die Schwinge BCD pendelnd durch das Lager bei C. Punkt D unterliegt bei seiner Bewegung einer ständig nach Größe und Richtung wechselnden Beschleunigung. Zur Berechnung des Weges und der Beschleunigung von Punkt D dienen der folgende Rechnungsgang und die Formeln für die Beschleunigung wie in 1.5.3 angegeben:

a) Mit r und φ werden über eine PR-Rechnung die Koordinaten des Punktes $B(x_{BA}/y_{BA})$ in bezug auf Punkt A bestimmt.
b) Der Koordinatenursprung wird in den Punkt C gelegt, und man erhält: $x_{BC} = x_{BA} - l_0$; $y_{BC} = y_{BA}$.
c) Mit x_{BC} und y_{BC} werden über eine PR-Rechnung die Größen der Strecke BC = s und des Winkels ψ bestimmt.
d) Man erhält $l_1 = l - s$ und $\Theta = 180 + \psi$.
e) Mit l_1 und Θ werden über eine PR-Rechnung die Koordinaten x_{DC} und y_{DC} bestimmt. Die Koordinaten des Punktes D in bezug auf Punkt A erhält man zu: $x_{DA} = x_{DC} + l_0$; $y_{DA} = y_{DC}$.

Die Bestimmung der Beschleunigung des Punktes D erfolgt mit drei jeweils um 1° Kurbelwinkel auseinanderliegenden Positionen des Punktes D.

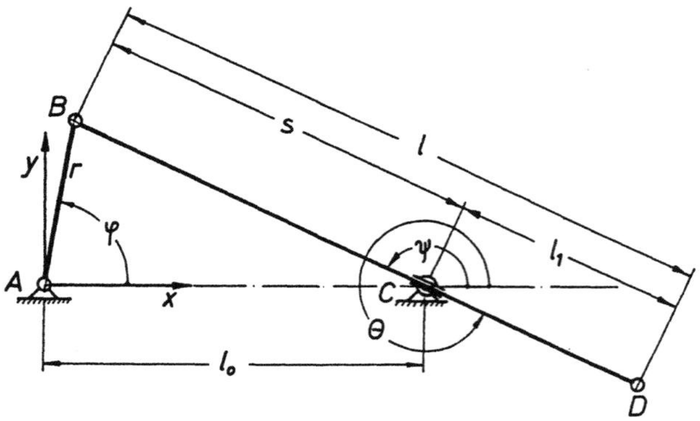

Bild 5.5

Programm 5-5.1 liefert die Koordinaten des Punktes $D(x_{DA}/y_{DA})$ in Abhängigkeit vom Kurbelwinkel φ sowie die jeweilige Richtung und Größe der Beschleunigung a_D von Punkt D.

Es wird folgende Zugehörigkeit von Formelzeichen zu Variablen verwendet:

$r \to R$;	$\varphi \to P$;	$\left(\frac{180}{\pi}\right)^2 \cdot \frac{1}{10^3} \to K1$;	$a_D \to A$
$l \to L$;	$\Delta\varphi \to DP$;	$x_{DA} \to X$;	Richtung von $a_D \to AR$
$l_0 \to L\phi$;	$\varphi_1 \to P1$;	$y_{DA} \to Y$;	

XU; YU; RU; WU → Werte für PR-Rechnung.

Programm 5-5-1 Pendelnde Kurbelschleife, Schleife an der Schwinge, zentrische Führung

```
10:LPRINT "Alle W
   erte in mm, s
   und Grad einge
   ben"
12:INPUT "r=";R,"
   l=";L,"lo=";L0
   ,"w=";W,"DP=";
   DP
14:LPRINT
16:LPRINT "Eingeg
   eben:"
18:LPRINT "r=";R;
   " mm"
20:LPRINT "l=";L;
   " mm"
22:LPRINT "lo=";L
   0;" mm"
24:LPRINT "w=";W;
   " 1/s"
26:LPRINT "PD=";D
   P;" Grad"
28:LPRINT
30:LPRINT "Ergebn
   isse:"
50:P=0:K1=(180/π)
   ^2/1000
52:DIM X(3),Y(3)
54:FOR I=1TO 3:P1
   =P-1
56:RU=R:WU=P1:
   GOSUB 500
58:XU=XU-L0:GOSUB
   504
60:RU=L-RU:WU=WU+
   180:GOSUB 500
62:X(I)=XU+L0:Y(I
   )=YU
64:P=P+1:NEXT I
66:P=P-3:XU=X(3)-
   2*X(2)+X(1):YU
   =Y(3)-2*Y(2)+Y
   (1):GOSUB 504
68:A=RU*W^2*K1:AR
   =WU
100:LPRINT "P=";P;
    "Grad"
102:USING "####.##
    #":LPRINT "x="
    ;X(2);" mm"
104:LPRINT "y=";Y(
    2);"mm"
106:LPRINT "a=";A;
    "m/s^2"
108:USING "####":
    LPRINT "Richtg
    . a=";AR;"Grad
    "
110:LPRINT
120:P=P+DP:IF P>36
    0STOP
122:GOTO 54
500:XU=RU*COS WU:Y
    U=RU*SIN WU
502:RETURN
504:RU=√(XU^2+YU^2
    )
506:IF YU<0GOTO 51
    2
508:WU=ACS (XU/RU)
510:RETURN
512:WU=360-ACS (XU
    /RU)
514:RETURN
```

Beispiel: Zahlenwerte-Ausdruck des Programmes 5-5-1 (Pendelnde Kurbelschleife)

```
Alle Werte in mm,
s und Grad eingebe
n

Eingegeben:
r= 50 mm
l= 170 mm
lo= 110 mm
w= 10 1/s
PD= 30 Grad

Ergebnisse:
P= 0Grad
x= 220.000 mm
y=   0.000mm
a=  16.799m/s^2
Richtg. a= 180Grad

P=  30Grad
x= 202.486 mm
y= -34.665mm
a=  15.073m/s^2
Richtg. a=  95Grad

P=  60Grad
x= 176.477 mm
y= -33.865mm
a=   4.403m/s^2
Richtg. a=  66Grad

P=  90Grad
x= 154.762 mm
y= -20.346mm
a=   1.607m/s^2
Richtg. a= 323Grad

P= 120Grad
x= 136.876 mm
y=  -8.620mm
a=   2.920m/s^2
Richtg. a= 312Grad
```

Das Programm 5-5-1 liefert u.a. die Koordinaten des Punktes D, dessen Bahn mit Hilfe dieser Koordinaten x_{DA} und y_{DA} aufgezeichnet werden kann: Man wählt einen dem gewünschten Zeichenformat entsprechenden Maßstab und trägt von einem willkürlich gewählten Koordinatenursprung aus die Wertepaare (x/y) für eine nicht zu geringe Zahl von Kurbelstellungen φ (ca. 36 bis 72, das entspricht alle 10° bis 5° Kurbelwinkel) auf.

Diese mühselige und zeitraubende Arbeit kann man sich mittels des Programms 5-5-2 ersparen, es zeichnet die Bahnkurve des Punktes D.

Programm 5-5-2

Zu diesem Zweck läuft das Programm die Zeilen 54 bis 62 zweimal durch. Beim ersten Durchgang werden die Größt- und Kleinstwerte von x(XG; YG) und der Größtwert von y(YG) bestimmt. Mittels dieser Werte wird der Maßstabsfaktor (MF) für die folgende graphische Darstellung bestimmt. Anschließend läuft das Programm Zeile 54 bis 62 nochmals durch, und das jeweilige Ergebnis wird aufgezeichnet.

Zeilenerklärung:

Zeile	
12	Eingaben
18–28	Bestätigung der Eingaben
50–62	Berechnung der Koordinaten x/y
200–208	Bestimmung der Größt- und Kleinstwerte von x(XG; XK) und des Größtwertes von y(YG).
214	Bestimmung des für das gewählte Zeichenformat benötigten Maßstabsfaktors
216	Vorschub des Papierstreifens, damit die Bahnkurve nicht in das Geschriebene kommt
218	Steuerung des Programmes auf nochmaligen Durchlauf
220–236	Zeichnung und Bahnkurve
500–514	Unterprogramm zur PR-Rechnung

Anmerkung: Im Beispiel ist die Wegkurve durch Einzelpunkte aufgezeichnet. Hierbei ist der Abstand der einzelnen Punkte voneinander ein Maß für die Geschwindigkeit des betrachteten Getriebepunktes. Es bedeutet: Großer Punktabstand = große Geschwindigkeit und entsprechend umgekehrt.

In die Wegkurve des Punktes D sind ferner 4 Kurbelwinkelstellungen eingezeichnet, so daß man die Bewegung von Punkt D, beginnend bei = 0° über 90°, 180°, 270° und zurück zum Anfang verfolgen kann.

Die im Programm 5-5-2 verwendete Zugehörigkeit der Formelzeichen zu Variablen:

r → R;	Größtwert von x → XG;	Zeichenwert x → XZ
l → L;	Größtwert von y → YG;	Zeichenwert y → YZ
l_0 → Lϕ;	Kleinstwert von x → XK;	XU; YU; RU; WU sind
x_{DA} → X;	Maßstabsfaktor → MF;	Koordinaten der PR-Rechnung.
y_{DA} → Y;	φ → P;	

Programm 5-5-2 Zeichnung der Wegkurve

```
10:LPRINT "Alle W
   erte in mm, s
   und Grad einge
   ben"
12: INPUT "r=";R,"
   l=";L,"lo=";L0
   ,"STEP=";ST
14:LPRINT
16:LPRINT "Eingeg
   eben:"
18:LPRINT "r=";R;
   " mm"
20:LPRINT "l=";L;
   " mm"
22:LPRINT "lo=";L
   0;" mm"
28:LPRINT "STEP="
   ;ST
30:LPRINT
50:P=0

54:FOR P=0TO 360
   STEP ST
```

Fortsetzung Programm 5.5.2

```
 56:RU=R:WU=P:
    GOSUB 500
 58:XU=XU-L0:GOSUB
    504
 60:RU=L-RU:WU=WU+
    180:GOSUB 500
 62:X=XU:Y=YU
200:IF CS=1GOTO 22
    0
202:IF P=0LET XG=X
    :XK=X:YG=Y:
    GOTO 210
204:IF X>=XGLET XG
    =X:GOTO 208
206:IF X<=XKLET XK
    =X:GOTO 208
208:IF Y>YGLET YG=
    Y
210:NEXT P
214:MF=190/(XG-XK)
216:LF YG*MF/9
218:P=0:CS=1:GRAPH
    :GOTO 54
220:XZ=(X-XK+0.5)*
    MF:YZ=Y*MF
230:GLCURSOR (XZ,Y
    Z):LPRINT "."
231:IF P=OLPRINT "
    0"
232:IF P=90LPRINT
    "90"
234:IF P=180LPRINT
    "180"
236:IF P=270LPRINT
    "270"
240:NEXT P
250:END
500:XU=RU*COS WU:Y
    U=RU*SIN WU
502:RETURN
504:RU=√(XU^2+YU^2
    )
506:IF YU<0GOTO 51
    2
508:WU=ACS (XU/RU)
510:RETURN
512:WU=360-ACS (XU
    /RU)
514:RETURN
```

Beispiel: Ausdruck des Programmes 5-5-2 (Bahnkurve des Punktes D).

```
Alle Werte in mm,
s und Grad eingebe
n

Eingegeben:
r= 50 mm
l= 170 mm
lo= 110 mm
STEP= 5
```

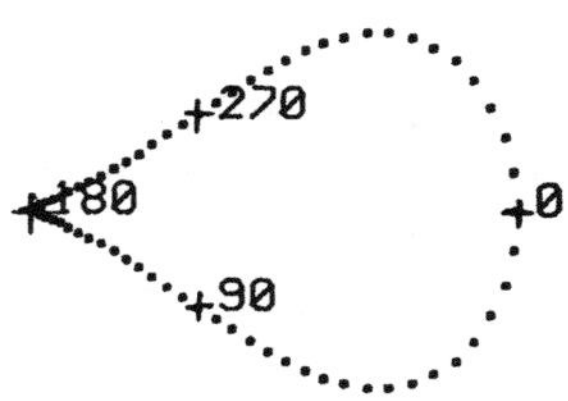

5.6 Pendelnde Kurbelschleife, Schleifer an der Schwinge, exzentrische Führung

Diese in Bild 5-6 dargestellte Anordnung ergibt eine unsymmetrische Wegkurve des Punktes D (siehe hierzu auch das Beispiel des Ausdruckes von Programm 5-6-2.

Ebenfalls unsymmetrisch sind auch die Verläufe von Geschwindigkeit und Beschleunigung.

Die Berechnung des Weges von D erfolgt über die Bestimmung der Koordinaten (x_{DA}/y_{DA}) des Punktes D in bezug auf Punkt A. Zur Berechnung der Beschleunigung siehe 5.5.

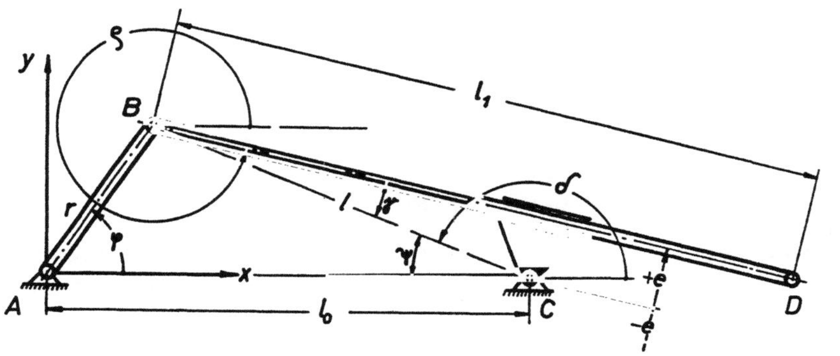

Bild 5.6

Rechenweg:

a) Mit r und φ werden über eine PR-Rechnung die Koordinaten des Punktes $B(x_{BA}/y_{BA})$ in bezug auf Punkt A bestimmt.

b) Der Koordinatenursprung wird in den Punkt C gelegt, und man erhält: $x_{BC} = x_{BA} - l_0$; $y_{BC} = y_{BA}$.

c) Mit x_{BC} und y_{BC} werden über eine PR-Rechnung die Größen der Strecke $BC = l$ und des Winkels δ bestimmt.

d) Winkel γ wird bestimmt aus: $\gamma = \arcsin\left(\frac{e}{l}\right)$.

e) Winkel ρ erhält man zu: $\rho = \delta + \gamma + 180$.

f) Mit ρ und l_1 erhält man über eine PR-Rechnung die Koordinaten x_{DB} und y_{DB} des Punktes D in bezug auf Punkt B. Hierbei liegt der Ursprung des Koordinatensystemes automatisch im Punkt B.

g) Die gesuchten Koordinaten des Punktes D in bezug auf Punkt A erhält man dann zu: $x_{DA} = x_{DB} + x_{BA}$ und $y_{DA} = y_{DB} + y_{BA}$.

Programm 5-6-1 liefert einen fortlaufenden Ausdruck des Kurbelwinkels φ und der dazugehörigen Werte für: x_{DA}; y_{DA}; Betrag der Beschleunigung a_D und Richtung der Beschleunigung.

Es wird folgende Zugehörigkeit der Formelzeichen zu Variablen verwendet:

$r \rightarrow R$;	$\varphi \rightarrow P$;	$x_{DA} \rightarrow X$;	$a_D \rightarrow A$
$l_0 \rightarrow L\phi$;	$\Delta\varphi \rightarrow DP$;	$y_{DA} \rightarrow Y$;	Richtg. $a \rightarrow AR$
$l_1 \rightarrow L1$;	$\gamma \rightarrow G$;	$x_{BA} \rightarrow XB$;	
$l \rightarrow L$;	$\rho \rightarrow R0$;	$y_{BA} \rightarrow YB$;	
$e \rightarrow E$;	$\omega \rightarrow W$;		

Programm 5-6-1 Pendelnde Kurbelschleife, Schleife an der Schwinge, exzentrische Führung

```
10:LPRINT "Alle W
   erte in mm, s
   und Grad einge
   ben"
12:INPUT "r=";R,"
   l1=";L1,"lo=";
   L0,"e=";E,"DP=
   ";DP,"w=";W
14:LPRINT
16:LPRINT "Eingeg
   eben:"
18:LPRINT "r=";R;
   " mm"
20:LPRINT "l1=";L
   1;" mm"
22:LPRINT "lo=";L
   0;" mm"
24:LPRINT "e=";E;
   " mm"
28:LPRINT "DP=";D
   P;"Grad"
30:LPRINT "w=";W;
   " 1/s"
32:LPRINT
34:LPRINT "Ergebn
   isse:"
50:P=0:K1=(180/π)
   ^2/1000
52:DIM X(3),Y(3)
54:FOR I=1TO 3:P1
   =P-1
56:RU=R:WU=P1:
   GOSUB 500
58:XB=XU:YB=YU
60:XU=XU-L0:GOSUB
   504
62:G=ASN (E/RU):R
   O=WU+G+180:WU=
   RO:RU=L1:GOSUB
   500
64:X(I)=XU+XB:Y(I
   )=YU+YB
66:P=P+1:NEXT I
68:P=P-3:XU=X(3)-
   2*X(2)+X(1):YU
   =Y(3)-2*Y(2)+Y
   (1):GOSUB 504
70:A=RU*W^2*K1:AR
   =WU
100:LPRINT "P=";P;
    " Grad"
102:USING "####.##
    #"
104:LPRINT "x=";X(
    2);" mm"
106:LPRINT "y=";Y(
    2);" mm"
108:LPRINT "a=";A;
    " m/s^2"
110:USING "####":
    LPRINT "Richtg
    .a=";AR;" Grad
    "
```

Fortsetzung Programm 5.6.1

```
112:LPRINT :USING
120:P=P+DP:IF P>36
    0STOP
122:GOTO 54
500:XU=RU*COS WU:Y
    U=RU*SIN WU
502:RETURN
504:RU=√(XU^2+YU^2
    )
506:IF YU<0GOTO 51
    2
508:WU=ACS (XU/RU)
510:RETURN
512:WU=360-ACS (XU
    /RU)
514:RETURN
```

Beispiel: Ausdruck der Werte (5-6-1)

```
Alle Werte in mm,
s und Grad eingebe
n

Eingegeben:
r= 50 mm
l1= 170 mm
lo= 110 mm
e= 25 mm
DP= 30Grad
w= 10 1/s

Ergebnisse:
P= 0 Grad
x= 204.540 mm
y=  70.833 mm
a=   19.065 m/s^2
Richtg.a= 235 Grad
P= 30 Grad
x= 213.301 mm
y=  25.000 mm
a=   18.760 m/s^2
Richtg.a= 127 Grad

P= 60 Grad
x= 191.405 mm
y=    8.529 mm
a=    7.419 m/s^2
Richtg.a=  94 Grad

P= 90 Grad
x= 165.968 mm
y=   13.196 mm
a=    1.289 m/s^2
Richtg.a=  30 Grad

P= 120 Grad
x= 143.495 mm
y=   20.737 mm
a=    2.494 m/s^2
Richtg.a= 326 Grad
```

Programm 5-6-2

Um die Bahnkurve des Punktes D aufzeichnen zu lassen, kann das nachfolgend dargestellte Programm 5-6-2 verwendet werden. Erklärungen für dieses Programm sind in 5.5 angegeben.

Programm 5-6-2 Zeichnung der Wegkurve

```
10:LPRINT "Alle W
   erte in mm, s
   und Grad einge
   ben"
12:INPUT "r=";R,"
   l1=";L1,"lo=";
   L0,"e=";E,"STE
   P=";ST
14:LPRINT
16:LPRINT "Eingeg
   eben:"
18:LPRINT "r=";R;
   " mm"
20:LPRINT "l1=";L
   1;" mm"
22:LPRINT "lo=";L
   0;" mm"
24:LPRINT "e=";E;
   " mm"
28:LPRINT "STEP="
   ;ST
30:LPRINT
50:P=0
54:FOR P=0TO 360
   STEP ST
56:RU=R:WU=P:
   GOSUB 500
58:XB=XU:YB=YU
60:XU=XU-L0:GOSUB
   504
62:G=ASN (E/RU):R
   O=WU+G+180:WU=
   RO:RU=L1:GOSUB
   500
64:X=XU+XB:Y=YU+Y
   B
200:IF CS=1GOTO 22
    0
202:IF P=0LET XG=X
    :XK=X:YG=Y:
    GOTO 210
204:IF X>=XGLET XG
    =X:GOTO 208
206:IF X<=XKLET XK
    =X:GOTO 208
208:IF Y>YGLET YG=
    Y
210:NEXT P
214:MF=190/(XG-XK)
216:LF YG*MF/12
218:P=0:CS=1:GRAPH
    :GOTO 54
220:XZ=(X-XK+0.5)*
    MF:YZ=Y*MF
230:GLCURSOR (XZ,Y
    Z):LPRINT "."
231:IF P=OLPRINT "
    0"
```

Fortsetzung Programm 5.6.2

```
232:IF P=90LPRINT
    "90"
234:IF P=180LPRINT
    "180"
236:IF P=270LPRINT
    "270"
240:NEXT P
250:END
500:XU=RU*COS WU:Y
    U=RU*SIN WU
502:RETURN
504:RU=√(XU^2+YU^2
    )
506:IF YU<0GOTO 51
    2
508:WU=ACS (XU/RU)
510:RETURN
512:WU=360-ACS (XU
    /RU)
514:RETURN
```

Beispiel: Ausdruck des Programmes 5-6-2 (Bahnkurve von Punkt D)

```
Alle Werte in mm,
s und Grad eingebe
n

Eingegeben:
r= 50 mm
l1= 170 mm
lo= 110 mm
e= 25 mm
STEP= 5
```

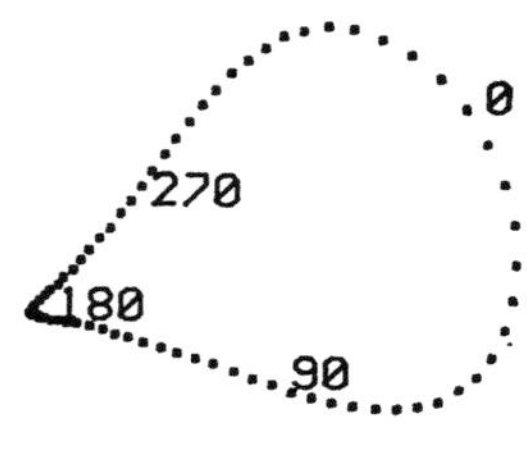

5.7 Kreuzschleife, schräg und gerade

Der Antrieb der Schleife BCD erfolgt durch die um den Punkt A mit der Winkelgeschwindigkeit ω drehenden Kurbel AB = r. Während der an der Kurbel befestigte Gleitstein bei B eine Kreisbewegung um A ausführt, schiebt er die Schwinge (Bild 5-7) horizontal hin und her.

Bei einer geraden Kreuzschleife hat der Winkel β die Größe von $\beta = 90°$. Dieses Getriebe liefert dann im Hin- und Hergang eine exakte Sinus- bzw. Cosinusfunktion. Das Bewegungsgesetz läßt sich aus Bild 5-7 ablesen:

$$\tan\beta = \frac{r \cdot \sin\varphi}{x_c - r \cdot \cos\varphi}\,; \quad \text{nach } x_c \text{ umgestellt: } \underline{\underline{x_c = r \cdot \cos\varphi + \frac{r \cdot \sin\varphi}{\tan\beta}}}\,.$$

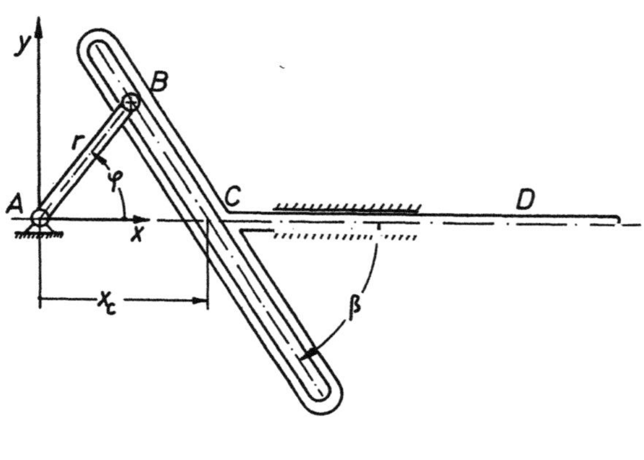

Bild 5.7

Geschwindigkeit der Kreuzschleife:

$$v = \frac{dx}{dt} = \frac{dx}{d\varphi} \cdot \frac{d\varphi}{dt} = r \cdot \omega(-\sin\varphi) + \frac{r \cdot \omega}{\tan\beta} \cdot \cos\varphi$$

$$v = r \cdot \omega \cdot \left(\frac{\cos\varphi}{\tan\beta} - \sin\varphi\right).$$

Beschleunigung: $a = -r \cdot \omega^2 \cdot \left(\frac{\sin\varphi}{\tan\beta} + \cos\varphi\right).$

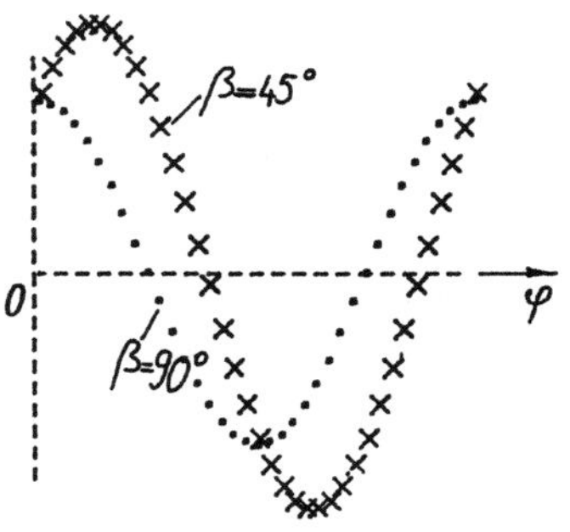

Bild 5.7.1

Im Bild 5-7.1 ist die Bewegung der Kreuzschleife graphisch dargestellt. Es ist einmal die Kurve mit $\beta = 90°$, und im Vergleich dazu eine Kurve mit dem gleichen Wert für r, jedoch einem Winkel $\beta = 45°$ gezeichnet. Durch die Schrägstellung der Kulisse verschiebt sich der Bewegungsablauf und erhält eine größere Amplitude.

5.8 Umlaufende Kurbelschleife

Mit diesem Getriebe kann unter bestimmten Bedingungen auf einfache Weise ein Wellenversatz realisiert werden. Die Bewegung wird über die um den Punkt A drehende Kurbel AC = r eingeleitet, Bild 5-8.

Der Gleitstein bei Punkt C nimmt die Kurbelschleife BD mit, während er sich in der Führung der Kurbelschleife relativ bewegt. Die Kurbel AC dreht als Antrieb mit der Konstanten Winkelgeschwindigkeit ω, während die Abtriebsbewegung der Kurbelschleife BD eine ungleichförmige Winkelgeschwindigkeit ω_B besitzt. Die Ungleichförmigkeit wächst mit der Exzentrizität e. Siehe hierzu auch zwei Diagramme im **Farbanhang**.

Zur Berechnung der Bewegung der Schwinge kann folgendermaßen vorgegangen werden:

a) Mit r und φ werden über eine PR-Rechnung die Koordinaten des Punktes C in bezug auf Punkt $A(x_{CA}/y_{CA})$ bestimmt.
b) Der Koordinatenursprung wird in den Punkt B verlegt, und man erhält: $x_{CB} = x_{CA}$ und $y_{CB} = y_{CA} - e$.

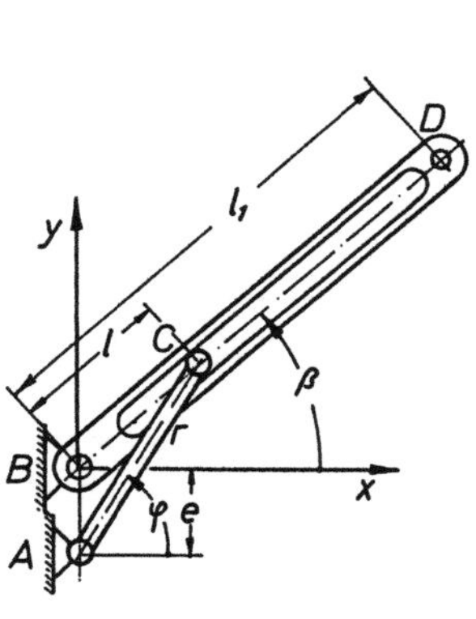

Bild 5.8

c) Mit x_{CB} und y_{CB} werden über eine PR-Rechnung der Winkel β und die Strecke $l = BC$ berechnet.

Die Bestimmung der Winkelgeschwindigkeit ω_B der Schwinge sowie deren Winkelbeschleunigung α_B ist in 5.3 dargestellt.

Programm 5-8 liefert wahlweise den Ausdruck der Werte für Kurbelwinkel φ, Schwingenwinkel β, Winkelgeschwindigkeit ω_B der Schwinge und Winkelbeschleunigung α_B der Schwinge, oder aber es wird, wenn bei der Frage „Graph?" eine 1 eingegeben wird, ein 4farbiges Diagramm über dem Kurbelwinkel als Abszisse gezeichnet.

Zur Bedienung des Programmes siehe 5.1.

Zugehörigkeit der Formelzeichen zu Variablen:

$r \to R$;	$\beta \to B$;	$\Delta\varphi \to DP$
$e \to E$;	$\omega \to W$;	$\alpha_B \to AB$
$\varphi \to P$;	$\omega_B \to WB$;	

Programm 5-8 Umlaufende Kurbelschleife

```
10:LPRINT "Alle W
   erte in mm, s
   und Grad einge
   ben"
11:DIM B(3),L(3)
12:INPUT "r=";R,"
   e=";E,"w=";W,"
   DP=";DP,"GRAPH
   ?";G
13:LPRINT
14:ON GGOTO 800
16:LPRINT "Eingeg
   eben:"
18:LPRINT "r=";R;
   " mm"
20:LPRINT "e=";E;
   " mm"
26:LPRINT "w=";W;
   "1/s"
28:LPRINT "DP=";D
   P;" Grad"
36:LPRINT
50:P=0
54:FOR I=1TO 3:P1
   =P-1
56:RU=R:WU=P1:
   GOSUB 500
58:YU=YU-E:GOSUB
   504
60:B(I)=WU:L(I)=R
   U
66:P=P+1:NEXT I
68:P=P-3:AB=(B(3)
   -2*B(2)+B(1))*
   180/π*W^2:WB=(
   B(3)-B(1))/2*W
70:ON GGOTO 930
100:LPRINT "P=";P;
    " Grad"
102:USING "####.##
    #"
104:LPRINT "B=";B(
    2);"Grad"
106:LPRINT "WB=";W
    B;" 1/s"
108:LPRINT "AB=";A
    B;" 1/s^2"
112:LPRINT :USING
120:P=P+DP:IF P>36
    0STOP
122:GOTO 54
500:XU=RU*COS WU:Y
    U=RU*SIN WU
502:RETURN
504:RU=√(XU^2+YU^2
    )
506:IF YU<0GOTO 51
    2
508:WU=ACS (XU/RU)
510:RETURN
512:WU=360-ACS (XU
    /RU)
514:RETURN
800:M=1:P=0:F=0:
    GRAPH :INPUT "
    K1=";K1,"K2=";
    K2,"K3=";K3
805:ROTATE 1
810:GOSUB 980
812:LPRINT "Eingeg
    eben:"
814:GOSUB 980
816:LPRINT "r=";R;
    " mm"
818:GOSUB 980
820:LPRINT "e=";E;
    " mm"
822:GOSUB 980
824:LPRINT
826:GOSUB 980
828:LPRINT
830:GOSUB 980
840:COLOR 1:LPRINT
    "B=blau"
842:GOSUB 980
844:COLOR 2:LPRINT
    "w=gruen"
846:GOSUB 980
848:COLOR 3:LPRINT
    "a=rot"
870:GLCURSOR (110,
    -160):SORGN
880:LINE (-110,0)-
    (110,0),4,0
890:LINE (0,0)-(0,
    -500),4,0
```

Fortsetzung Programm 5.8

```
900:FOR J=0TO 4
904:N=120*J
908:GLCURSOR (-20,
    -N+15):LPRINT
    0.75*N
910:NEXT J
914:GLCURSOR (0,0)
    :GOTO 50
930:S4=K1*B(2)
932:W4=K2*WB
934:A4=K3*AB
936:P4=4/3*P
940:IF P>360GOTO 9
    44
942:ON MGOTO 950,9
    60,970,975
944:M=M+1:GLCURSOR
    (0,0):P=0:GOTO
    54
950:LINE -(S4-110,
    -P4),0,1
952:P=P+DP
954:GOTO 54
960:LINE -(W4,-P4)
    ,0,2
962:GOTO 952
970:LINE -(A4,-P4)
    ,0,3
972:GOTO 952
975:END
980:GLCURSOR (200-
    F,0)
982:F=F+20
984:RETURN
```

Beispiel: Zahlenwerte-Ausdruck des Programmes 5-8 (Umlaufende Kurbelschleife)

```
Eingegeben:r= 55 m

Alle Werte in mm,
s und Grad eingebe
n

Eingegeben:
r= 55 mm
e= 30 mm
w= 101/s
DP= 30 Grad

P= 0 Grad
B= 331.389Grad
WB=   7.707 1/s
AB=  22.761 1/s^2

P= 30 Grad
B= 356.995Grad
WB=   9.670 1/s
AB=  58.673 1/s^2

P= 60 Grad
B=  32.665Grad
WB=  14.957 1/s
AB= 153.942 1/s^2

P= 90 Grad
B=  90.000Grad
WB=  21.995 1/s
AB=   0.000 1/s^2

P= 120 Grad
B= 147.334Grad
WB=  14.957 1/s
AB=-153.942 1/s^2
```

5.9 Maltesergetriebe

Es handelt sich hierbei um ein Schrittgetriebe, das als eine spezielle Art der „Schwingenden Kurbelschleife“ aufgefaßt werden kann. Der Antrieb des Getriebes erfolgt durch die sich mit konstanter Winkelgeschwindigkeit ω_A drehenden Kurbel AB = r, Bild 5-9. Bei dem gezeichneten 4teiligen Malteserkreuz greift der Kurbelzapfen B dann in die Führung des Kreuzes ein, wenn B im Sinne von φ drehend die Position B′ eingenommen hat. Während der weiteren Drehung der Kurbel AB im Sinne von φ zwingt der Kurbelzapfen B dem

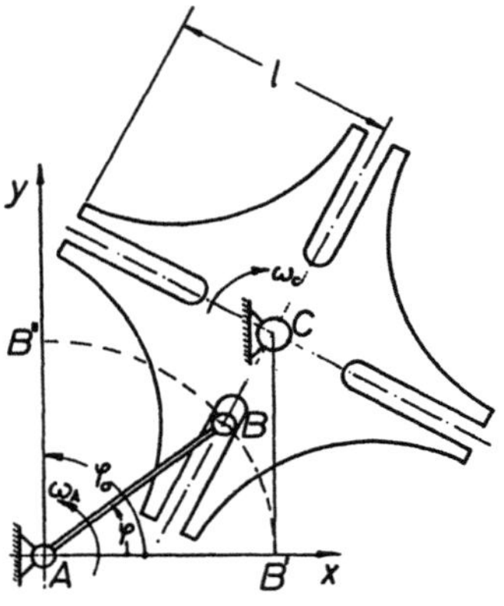

Bild 5.9

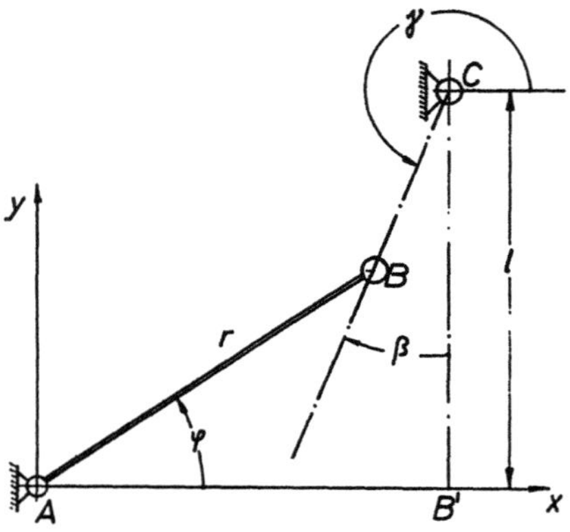

Bild 5.9a

Malteserkreuz eine Drehbewegung ω_c auf (gezeichnete Stellung im Bild 5-9). In der Kurbelstellung B″ verläßt der Kurbelzapfen die Führung des Malteserkreuzes, das nun so lange in Ruhestellung bleibt, bis der Kurbelzapfen B wiederum bei B′ in die nächste Führung des Malteserkreuzes eingreift. Es erfolgt so eine schrittweise Drehung des Kreuzes. Im gezeichneten Falle eines 4teiligen Kreuzes beträgt die Drehung jeweils $360°/T = 90°$.

Zur Berechnung von Winkel β, Winkelgeschwindigkeit ω_c und Winkelbeschleunigung α_c der Bewegung des Malteserkreuzes kann folgendermaßen verfahren werden (Bild 5-9a):

a) Mit r und φ werden die Koordinaten von $B(x_{BA}/y_{BA})$ über eine PR-Rechnung bestimmt.

b) Der Koordinatenursprung wird in den Punkt C verlegt. Dann hat B die Koordinaten: $x_{BC} = x_{BA} - r$ und $y_{BC} = y_{BA} - l$.

c) Mit x_{BC} und y_{BC} erhält man über eine PR-Rechnung den Winkel γ. Ferner ist $\beta = 270 - \gamma$. Die zeitliche Änderung von β liefert die Winkelgeschwindigkeit ω_c und Winkelbeschleunigung α_c des Malteserkreuzes.

Die Strecken l und r hängen über die Teilung T zusammen. Es bedeuten: φ_0 und β_0 die Winkelwege von Kurbel und Malteserkreuz von Kurbeleintritt bis Kurbelaustritt.

Ferner steht T = 4 für ein vierteiliges Kreuz.

Da der Kurbelzapfen B immer radial zum Kreuz ein- und austreten muß, erhält man:

$$\beta_0 = \frac{360}{T}; \qquad \varphi_0 = 180 - \beta_0$$

$$\tan\left(\frac{\beta_0}{2}\right) = \frac{r}{l} = \tan\left(\frac{180}{T}\right)$$

$$r = l \cdot \tan\left(\frac{180}{T}\right).$$

Die Berechnung von Winkelgeschwindigkeit und Winkelbeschleunigung des Malteserkreuzes erfolgt wie in 5.3 beschrieben.

Im **Farbanhang** ist in Diagrammen der Verlauf des Drehwinkels β, der Winkelgeschwindigkeit ω_C und der Winkelbeschleunigung α_C über dem Drehwinkel φ der Kurbel dargestellt.

Da die Beschleunigung α_C des Malteserkreuzes in dem Augenblick, in dem der Kurbelzapfen B in die Führung eintritt oder austritt, einen Sprung aufweist, ist dieses Getriebe nur bedingt einsetzbar. Es ist möglich, durch Vorschalten eines 4-Gelenk-Systemes, diesen Sprung zu beseitigen.

Programm 5-9 liefert sowohl den Zahlenausdruck als auch die graphische Darstellung. Zur Bedienung des Programmes siehe 5.1.

Die im Programm 5-9 verwendete Zugehörigkeit der Formeln zu Variablen:

$r \rightarrow R$;	$T \rightarrow T$;	$\omega_A \rightarrow W$;	$\beta \rightarrow B$
$l \rightarrow L$;	$\varphi \rightarrow P$;	$\omega_C \rightarrow WC$;	$\alpha_C \rightarrow AC$

Programm 5-9 Maltesergetriebe

```
10:LPRINT "Alle W
   erte in mm, s
   und Grad einge
   ben."
12:INPUT "Teilung
    T=";T,"L=";L,
   "w=";W,"DP=";D
   P,"Graph?";G
13:LPRINT
14:ON GGOTO 800
16:LPRINT "Eingeg
   eben:"
17:LPRINT "T=";T
18:LPRINT "L=";L;
   " mm"
22:LPRINT "w=";W;
   " 1/s"
24:LPRINT "DP=";D
   P;" Grad"
26:LPRINT
30:LPRINT "Ergebn
   isse:"
50:P=0:R=L*TAN (1
   80/T)
52:DIM B(3)
54:FOR I=1TO 3:P1
   =P-1
56:RU=R:WU=P1:
   GOSUB 500
58:XU=XU-R:YU=YU-
   L:GOSUB 504
60:B(I)=270-WU:P=
   P+1
70:NEXT I
72:P=P-3
74:WC=(B(3)-B(1))
   *W/2
76:AC=(B(3)-2*B(2
   )+B(1))*180/π*
   W^2
80:ON GGOTO 930
100:LPRINT "P=";P;
    " Grad"
102:USING "####.##
    #"
104:LPRINT "B=";B(
    2);" Grad"
106:LPRINT "wc=";W
    C;" 1/s"
108:LPRINT "ac=";A
    C;" 1/s^2"
110:LPRINT
112:USING
130:P=P+DP
132:IF P>180-360/T
    STOP
134:GOTO 54
500:XU=RU*COS WU:Y
    U=RU*SIN WU
502:RETURN
504:RU=√(XU^2+YU^2
    )
506:IF YU<0GOTO 51
    2
508:WU=ACS (XU/RU)
510:RETURN
512:WU=360-ACS (XU
    /RU)
514:RETURN
800:M=1:P=0:F=0:
    GRAPH :K1=100/
    90:INPUT "K2="
    ;K2,"K3=";K3
805:ROTATE 1
810:GOSUB 980
812:LPRINT "Eingeg
    eben:"
814:GOSUB 980
816:LPRINT "Teilg.
     T=";T
818:GOSUB 980
820:LPRINT "L=";L;
    " mm"
822:GOSUB 980
828:LPRINT
830:GOSUB 980
832:LPRINT
834:GOSUB 980
840:COLOR 3:LPRINT
    "ac=rot"
842:GOSUB 980
844:COLOR 2:LPRINT
    "wc=gruen"
846:GOSUB 980
848:COLOR 1:LPRINT
    "B=blau"
870:GLCURSOR (110,
    -160):SORGN
880:LINE (-110,0)-
    (110,0),4,0
890:LINE (0,0)-(0,
    -500),4,0
900:FOR J=0TO 7:N=
    60*J
```

Fortsetzung Programm 5.9

```
902:GLCURSOR (-5,-
    N+5):LPRINT "+
    "
904:GLCURSOR (-20,
    -N+15):LPRINT
    15*J
910:NEXT J
914:GLCURSOR (0,0)
    :GOTO 50
930:S4=K1*B(2)
932:V4=K2*WC
934:A4=K3*AC
936:P4=4*P
940:IF P>180-360/T
    GOTO 944
942:ON MGOTO 950,9
    60,970,975
944:M=M+1:GLCURSOR
    (0,0):P=0:GOTO
    54
950:LINE -(S4,-P4)
    ,0,1
952:P=P+DP
954:GOTO 54
960:LINE -(V4,-P4)
    ,0,2
962:GOTO 952
970:LINE -(A4,-P4)
    ,0,3
972:GOTO 952
975:END
980:GLCURSOR (200-
    F,0)
982:F=F+20
984:RETURN
```

Beispiel: Zahlenwerte-Ausdruck des Programmes 5-9 (Malteserkreuz)

```
Alle Werte in mm,
s und Grad eingebe
n.

Eingegeben:
T= 4
L= 60 mm
w= 10 1/s
DP= 10 Grad

Ergebnisse:
P= 0 Grad
B=   0.000 Grad
wc=   0.001 1/s
ac= 100.027 1/s^2

P= 10 Grad
B=   1.053 Grad
wc=   2.322 1/s
ac= 173.896 1/s^2

P= 20 Grad
B=   5.236 Grad
wc=   6.458 1/s
ac= 313.648 1/s^2

P= 30 Grad
B=  15.000 Grad
wc=  13.664 1/s
ac= 509.582 1/s^2

P= 40 Grad
B=  33.222 Grad
wc=  22.405 1/s
ac= 369.959 1/s^2
```

5.10 Kurbel-Koppel-Schwinge (4-Gelenk-System)

Auf der im Bild 5-10 dargestellten Anordnung ist die Scheibe BCE bei B an die Kurbel AB = r und bei C an die Schwinge CD = s angeschlossen. Während die Kurbel runddreht, führt die Schwinge eine um den Festpunkt D pendelnde Bewegung aus. Der auf der Koppelscheibe liegende Punkt E beschreibt dabei eine geschlossene Kurve, die, je nach Lage des Punktes E auf der Koppelscheibe, eine sehr unterschiedliche Form aufweist.

Damit die Kurbel (kleinstes Glied) des 4-Gelenk-Systemes runddrehen kann, muß folgende Bedingung erfüllt sein: Die Länge der Kurbel und die Länge des größten Gliedes (Seite k oder s oder l_0) müssen zusammengenommen kleiner sein, als die Längensumme der beiden übrigen Glieder. Zur Berechnung der Bahnkurve von Punkt E siehe auch Kap. 3. Die Koordinaten des Punktes $E(x_{EA}/y_{EA})$ in bezug auf Punkt A erhält man z.B. auf folgendem Wege:

a) Aus r und φ werden über eine PR-Rechnung die Koordinaten des Punktes $B(x_{BA}/y_{BA})$ bestimmt.
b) Das Koordinatensystem wird in den Punkt D gelegt. Man erhält dann für den Punkt B: $x_{BD} = x_{BA} - l_0$ und $y_{BD} = y_{BA}$.
c) Mit x_{BD} und y_{BD} findet man über eine PR-Rechnung die Größen: $l = BD$ und den Winkel ϑ.
d) Aus dem Dreieck BCD kann der Winkel σ mit Hilfe des cos-Satzes berechnet werden:

$$\sigma = \arccos\left(\frac{K^2 + l^2 - s^2}{2 \cdot K \cdot l}\right).$$

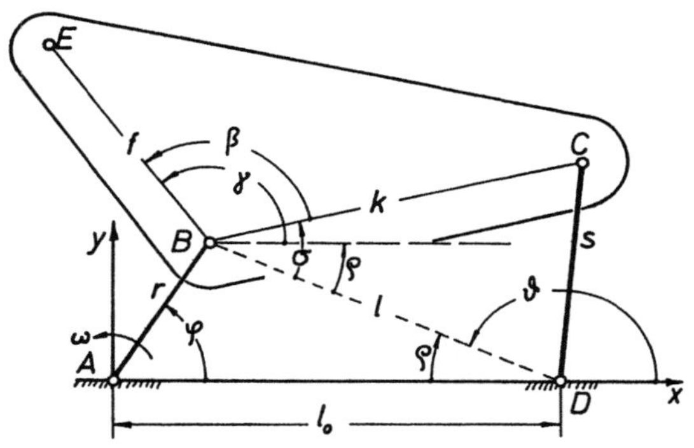

Bild 5.10

e) Dann erhält man den Winkel γ zu: $\gamma = \beta + \sigma - \rho$, wobei $\rho = 180 - \vartheta$ ist, mithin: $\gamma = \beta + \sigma + \vartheta - 180$.
f) Mit dem Winkel γ und der gegebenen Strecke EB = f werden über eine PR-Rechnung die Koordinaten des Punktes E in bezug auf Punkt $B(x_{EB}/y_{EB})$ gefunden.
g) Die Koordinaten von E in bezug auf Punkt A ergeben sich aus: $x_{EA} = x_{EB} + x_{BA}$ und $y_{EA} = y_{EB} + y_{BA}$. Die Werte für x_{BA} und y_{BA} wurden unter a) bereits berechnet und stehen gespeichert zur Verfügung.

Zur Bestimmung der Geschwindigkeit und Beschleunigung siehe 1.5.1 und 1.5.3 sowie die Programmerklärungen in 5.5.

Programm 5-10-1 druckt in Abhängigkeit vom Kurbelwinkel φ die Koordinaten des Punktes $E(x_{EA}/y_{EA})$ sowie die Beschleunigung des Punktes E nach Größe und Richtung aus. Das Programm benötigt als Eingaben die folgenden Getriebewerte: r; l_0; s; k; β; f; ω. Hierbei bestimmen die Größen von β und f die Lage des Punktes E auf der Koppelscheibe relativ zu den Punkten B und C.

Folgende Variable sind den Formelzeichen zugeordnet:

r → R;	f → F;	φ → P;	a_E → A
l → L;	x_{EA} → X;	$\Delta\varphi$ → DP;	Richtung von a_E → AR
l_0 → LØ;	y_{EA} → Y;	β → B;	$\left(\frac{180}{\pi}\right)^2 \cdot \frac{1}{1000}$ → K1
k → K;	x_{BA} → XB;	σ → SI;	
s → S;	y_{BA} → YB;	ϑ → D;	
		γ → G;	

Programm 5-10-1 4-Gelenk-System

```
10:LPRINT "Alle W
   erte in mm, s
   und Grad einge
   ben"
12:INPUT "r=";R,"
   K=";K,"lo=";L0
   ,"s=";S,"f=";F
   ,"B=";B,"w=";W
   ,"DP=";DP
14:LPRINT
16:LPRINT "Eingeg
   eben:"
18:LPRINT "r=";R;
   " mm"
20:LPRINT "K=";K;
   " mm"
22:LPRINT "lo=";L
   0;" mm"
24:LPRINT "s=";S;
   " mm"
26:LPRINT "f=";F;
   " mm"
28:LPRINT "Beta="
   ;B;" Grad"
30:LPRINT "w=";W;
   " 1/s"
32:LPRINT "DP=";D
   P;"Grad"
36:LPRINT
38:LPRINT "Ergebn
   isse:"
50:P=0:K1=(180/π)
   ^2/1000
52:DIM X(3),Y(3)
54:FOR I=1TO 3:P1
   =P-1
56:RU=R:WU=P1:
   GOSUB 500
58:XB=XU:YB=YU:XU
   =XU-L0:GOSUB 5
   04
60:L=RU:D=WU:SI=
   ACS ((K^2+L^2-
   S^2)/2/K/L)
62:G=B+SI+D-180:W
   U=G:RU=F:GOSUB
   500
64:X(I)=XU+XB:Y(I
   )=YU+YB
66:P=P+1:NEXT I
68:P=P-3:XU=X(3)-
   2*X(2)+X(1):YU
   =Y(3)-2*Y(2)+Y
   (1):GOSUB 504
70:A=RU*W^2*K1:AR
   =WU
100:LPRINT "P=";P;
    " Grad"
102:USING "####.##
    #"
104:LPRINT "x=";X(
    2);" mm"
106:LPRINT "y=";Y(
    2);" mm"
108:LPRINT "a=";A;
    " m/s^2".
110:USING "####":
    LPRINT "Richtg
    .a=";AR;" Grad
    "
112:LPRINT :USING
120:P=P+DP:IF P>36
    0STOP
122:GOTO 54

500:XU=RU*COS WU:Y
    U=RU*SIN WU
502:RETURN
504:RU=√(XU^2+YU^2
    )
506:IF YU<0GOTO 51
    2
508:WU=ACS (XU/RU)
510:RETURN
512:WU=360-ACS (XU
    /RU)
514:RETURN
```

Beispielhafter Zahlenwerte-Ausdruck von Programm 5-10-1 (4-Gelenk-System)

```
Alle Werte in mm,
s und Grad eingebe
n

Eingegeben:
r= 30 mm
K= 80 mm
lo= 90 mm
s= 60 mm
f= 58 mm
Beta= 122 Grad
w= 10 1/s
DP= 30Grad

Ergebnisse:
P= 0 Grad
x= -27.151 mm
y=   9.882 mm
a=   1.506 m/s^2
Richtg.a= 171 Grad

P= 30 Grad
x= -27.085 mm
y=  38.409 mm
a=   4.584 m/s^2
Richtg.a= 235 Grad

P= 60 Grad
x= -33.710 mm
y=  57.465 mm
a=   4.667 m/s^2
Richtg.a= 242 Grad

P= 90 Grad
x= -46.040 mm
y=  65.273 mm
a=   4.001 m/s^2
Richtg.a= 260 Grad
```

Programm 5-10-2

Die Bahnkurve des Punktes E (Koppelkurve) ist eine Funktion sämtlicher Getriebeparameter. Das Auffinden einer gewünschten Koppelkurve durch Aufzeichnen der Koordinatenpaare oder mittels Zirkel und Lineal (falls keine höheren Ansprüche an die Genauigkeit gestellt werden) ist sicherlich eine zeitraubende Arbeit. Das Programm 5-10-2 zeichnet die Koppelkurve des Punktes E. Erklärung des Programmes siehe bei 5.5. Die Zugehörigkeit der Formelzeichen zu Variablen ist wie beim Programm 5-10-1.

Programm 5-10-2 Aufzeichnung einer Koppelkurve

```
10:LPRINT "Alle W
   erte in mm, s
   und Grad einge
   ben"
12:INPUT "r=";R,"
   K=";K,"lo=";L0
   ,"s=";S,"f=";F
   ,"B=";B,"STEP=
   ";ST
14:LPRINT
16:LPRINT "Eingeg
   eben:"
18:LPRINT "r=";R;
   " mm"
20:LPRINT "K=";K;
   " mm"
22:LPRINT "lo=";L
   0;" mm"
24:LPRINT "s=";S;
   " mm"
26:LPRINT "f=";F;
   " mm"
28:LPRINT "Beta="
   ;B;" Grad"
30:LPRINT "STEP="
   ;ST;"Grad"
36:LPRINT
50:P=O
54:FOR P=0TO 360
   STEP ST
56:RU=R:WU=P:
   GOSUB 500
58:XB=XU:YB=YU:XU
   =XU-L0:GOSUB 5
   04
60:L=RU:D=WU:SI=
   ACS ((K^2+L^2-
   S^2)/2/K/L)
62:G=B+SI+D-180:W
   U=G:RU=F:GOSUB
   500
64:X=XU+XB:Y=YU+Y
   B
200:IF CS=1GOTO 22
    0
202:IF P=0LET XG=X
    :XK=X:YG=Y:
    GOTO 210
204:IF X>=XGLET XG
    =X:GOTO 208
206:IF X<=XKLET XK
    =X:GOTO 208
208:IF Y>YGLET YG=
    Y
210:NEXT P
214:MF=190/(XG-XK)
216:LF YG*MF/12
218:P=0:CS=1:GRAPH
    :GOTO 54
220:XZ=(X-XK+0.5)*
    MF:YZ=Y*MF
230:GLCURSOR (XZ,Y
    Z):LPRINT "."
231:IF P=OLPRINT "
    0"
232:IF P=90LPRINT
    "90"
234:IF P=180LPRINT
    "180"
236:IF P=270LPRINT
    "270"
240:NEXT P
250:END
500:XU=RU*COS WU:Y
    U=RU*SIN WU
502:RETURN
504:RU=√(XU^2+YU^2
    )
506:IF YU<0GOTO 51
    2
508:WU=ACS (XU/RU)
510:RETURN
512:WU=360-ACS (XU
    /RU)
514:RETURN
```

Beispielhafter Ausdruck von Programm 5-10-2 (Aufzeichnung einer Koppelkurve)

```
Alle Werte in mm,
s und Grad eingebe
n

Eingegeben:
r= 30 mm
K= 80 mm
lo= 90 mm
s= 60 mm
f= 58 mm
Beta= 122 Grad
STEP= 5Grad
```

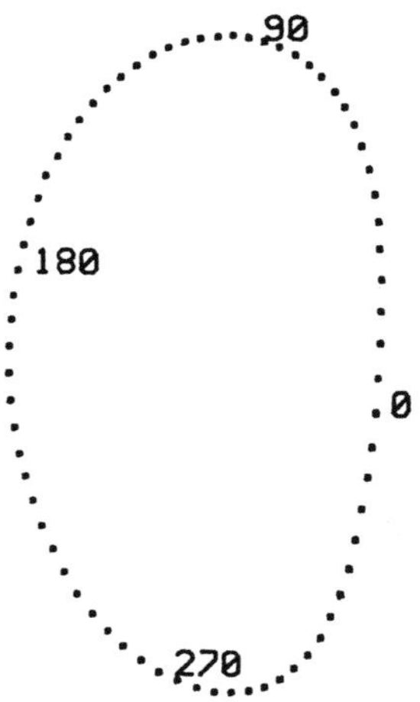


```
Alle Werte in mm,
s und Grad eingebe
n

Eingegeben:
r= 30 mm
K= 80 mm
lo= 90 mm
s= 60 mm
f= 120 mm
Beta= 300 Grad
STEP= 5Grad
```

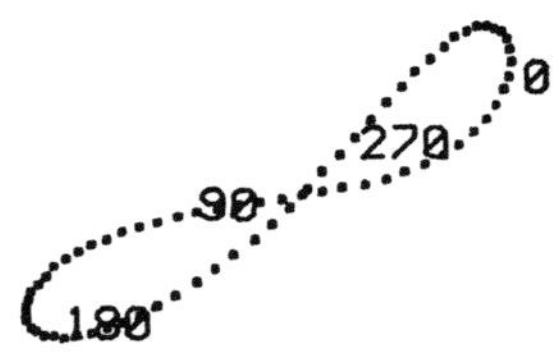

6 Krümmungsmittelpunkt

Wenn die Bahn eines Punktes bekannt ist, läßt sich der Krümmungsmittelpunkt auf verschiedene Weise finden. Hier soll eine möglichst einfache Art praktiziert werden, mit deren Hilfe dann bestimmte Bahnkurven erzeugt werden können.

Es seien 3 Punkte (P_1; P_2; P_3) mit ihren Koordinaten x_1/y_1; x_2/y_2; x_3/y_3 gegeben (Bild 6-1).

Der Mittelpunkt M des Kreises, der durch die 3 Punkte geht, wird als Schnittpunkt der beiden Mittelsenkrechten gefunden (Bild 6-1).

Um an den Krümmungsmittelpunkt M mit seinen Koordinaten zu kommen, kann man folgenden Weg gehen.

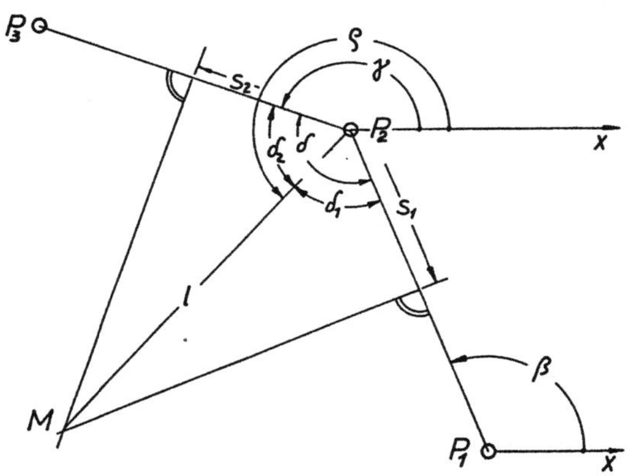

Bild 6.1

Es gilt: $s_1 = \frac{1}{2} \cdot \text{Strecke } \overline{P_1 P_2}$; $s_2 = \frac{1}{2} \cdot \text{Strecke } \overline{P_2 P_3}$

$$l = \frac{s_1}{\cos\delta} = \frac{s_2}{\cos\delta_2}; \quad \delta_1 + \delta_2 = \delta; \quad \delta_2 = \delta - \delta_1$$

$$\frac{s_2}{s_1} = \frac{\cos(\delta - \delta_1)}{\cos\delta_1} = \frac{\cos\delta \cdot \cos\delta_1 + \sin\delta \cdot \sin\delta_1}{\cos\delta_1} = \cos\delta + \sin\delta \cdot \tan\delta_1$$

$$\delta_1 = \arctan\left(\frac{1}{\sin\delta} \cdot \left(\frac{s_2}{s_1} - \cos\delta\right)\right).$$

Ferner gilt für die Winkel:

$$\beta + 180 - \delta = \gamma;$$
$$\rho = \beta + 180 - \delta_1.$$

Rechengang:

Gegeben sind die 3 Koordinatenpaare x_1y_1; x_2y_2; x_3y_3. Punkt 1 wird Koordinatenursprung, und man erhält: $x_{21} = x_2 - x_1$ und $y_{21} = y_2 - y_1$. Mit x_{21} und y_{21} werden über eine PR-Rechnung der Winkel β und der Abstand der Punkte $P_1 - P_2 = 2 \cdot s_1$ bestimmt. Auf analogem Weg, mit Punkt 2 als Koordinatenursprung, erhält man den Winkel γ und den Abstand $P_2 - P_3 = 2 \cdot s_2$.

Mit den nunmehr bekannten Werten für β; γ; s_1; s_2 wird $\delta = \beta + 180 - \delta_1$, und

$$\delta_1 = \arctan\left(\frac{1}{\sin\delta} \cdot \left(\frac{s_2}{s_1} - \cos\delta\right)\right).$$

Damit erhält man: $\rho = \beta + 180 - \delta_1$ und $l = \dfrac{s_1}{\cos\delta_1}$. Über eine PR-Rechnung mit ρ und l findet man die Koordinaten des Mittelpunktes in bezug auf Punkt 2, x_{M2}/y_{M2}. Bezogen auf das ursprüngliche Koordinatensystem wird dann: $x_M = x_{M2} + x_2$ und $y_M = y_{M2} + y_2$.

Programm 6 liefert mit der PR-Rechnung als Unterprogramm die Koordinaten des Krümmungsmittelpunktes.

Die Kontrolle des Verfahrens kann mittels einer Kreisbewegung sehr einfach vorgenommen werden. Man findet dabei eine Genauigkeit, die einige Zehnerpotenzen besser ist, als die bei zeichnerischen Verfahren.

Programm 6 Krümmungsmittelpunkt

```
400:"S"INPUT "X1="
    ;X1,"Y1=";Y1,"
    X2=";X2,"Y2=";
    Y2,"X3=";X3,"Y
    3=";Y3
405:XU=X2-X1:YU=Y2
    -Y1:GOSUB 504
410:B=WU:S1=RU/2:X
    U=X3-X2:YU=Y3-
    Y2:GOSUB 504
415:G=WU:S2=RU/2:D
    =B+180-G
420:D1=ATN (1/SIN
    D*(S2/S1-COS D
    ))
430:WU=B+180-D1:RU
    =S1/COS D1:
    GOSUB 500
435:XM=X2+XU:YM=Y2
    +YU
440:USING "####.##
    #"
444:PRINT "XM=";XM
    ;"    YM=";YM
500:XU=RU*COS WU:Y
    U=RU*SIN WU
502:RETURN
504:RU=√(XU^2+YU^2
    )
506:IF YU<0GOTO 51
    2
508:WU=ACS (XU/RU)
510:RETURN
512:WU=360-ACS (XU
    /RU)
514:RETURN
```

7 Geradführung mittels 4-Gelenk System

Es gibt des öfteren die Aufgabe, den Endpunkt eines Hebels über eine gewisse Strecke hinweg angenähert geradlinig zu führen. So soll z.B. ein Kran nach Anheben der Last deren Transportweg ohne Höhendifferenz, das bedeutet ohne zusätzlichen Energieaufwand, bewerkstelligen. Kann über der Transportgutaufnahme aus baulichen Gründen keine Kranbahn angebracht sein, z.B. Be- und Entladen von Schiffen, so liefert die in Bild 7-1 skizzierte, oder eine ähnliche Anordnung, eine Lösungsmöglichkeit.

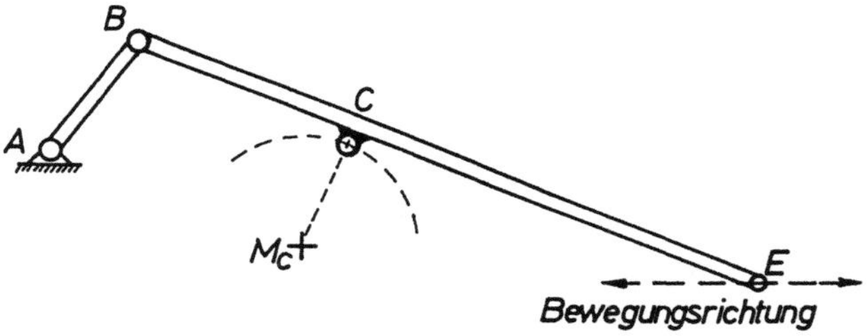

Bild 7.1

Es soll ein Gestänge als 4-Gelenk-Anordnung so aufgebaut werden, daß der Endpunkt E der Koppel BCE über eine längere Strecke hinweg eine angenähert geradlinige Bewegung ausführt. Die Koppel ist bei B über die Schwinge AB = r an den Drehpunkt A angeschlossen. Bei der geforderten Bewegung von Punkt E beschreibt der Punkt C eine kreisnahe Kurvenbahn, deren angenäherter Krümmungsmittelpunkt M_C gefunden werden muß. Wird dann M_C mit dem Punkt C durch eine Schwinge s verbunden, so beschreibt Punkt E bei Bewegung des Systemes die gewünschte geradlinige Bewegung.

Die gestellte Aufgabe kann folgendermaßen angegangen werden:

Die Kurbel AB wird in Winkelsprüngen von z.B. $\Delta\varphi = 10^\circ$ von $\varphi = 0^\circ$ beginnend gedreht, und es werden die zu jeder Winkellage gehörenden Koordinaten des Punktes $C(x_C/y_C)$ bestimmt. Mit Hilfe von jeweils drei aufeinanderfolgenden Koordinatenpaaren wird der dazugehörige Krümmungsmittelpunkt, wie in Kap. 5 beschrieben, bestimmt.

Die gefundenen Krümmungsmittelpunkte werden zum Teil sehr eng beeinanderliegen. Aus diesem Haufen wählt man einen günstigen Punkt aus, der dann als fester Drehpunkt M_C der Schwinge $M_C - C = s$ ausgebildet wird.

Zur Kontrolle wird dann noch der Weg des Endpunktes E der Koppel bestimmt, wie es in 5.10 beschrieben ist.

Bestimmung der Bahnkurve des Punktes C (Bild 7-2).

Gegeben sind: r; l; l_1; e; ϵ.

a) Mit r und φ werden über eine PR-Rechnung die Koordinaten des Punktes B in bezug auf Punkt A bestimmt, x_{BA}/y_{BA}.

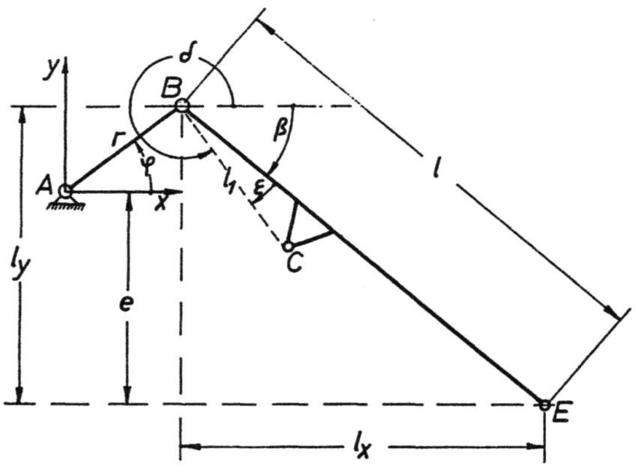

Bild 7.2

b) Zur Bestimmung von Winkel β wird gebildet: $l_y = e + r \cdot \sin\varphi$ dann ist $\beta = \arc\sin\left(\frac{l_y}{l}\right)$.

c) Winkel $\delta = 360 - \beta - \epsilon$

d) Mit δ und l_1 werden über eine PR-Rechnung die Koordinaten von Punkt C in bezug auf Punkt B, x_{CB}/y_{CB}, und anschließend auf das feste Koordinatensystem mit Ursprung bei A bestimmt: $x_{CA} = x_{CB} + x_{BA}$; $y_{CA} = y_{CB} + y_{CA}$.

Da sich Punkt E geradlinig und parallel zur x-Achse bewegen soll, ist e = konstant.

Programm 7-1 liefert fortlaufend den Ausdruck von:

Kurbelwinkel φ
den Koordinaten des Punktes $C(x_{CA}/y_{CA})$ in bezug auf den Koordinatenursprung bei A
den Koordinaten des dazugehörigen Krümmungsmittelpunktes M_C der momentanen Bahnkurve von Punkt C.

Das Programm berechnet von Zeile 54 bis 70 jeweils 3 Koordinatenpaare von Punkt C.

Von Zeile 405 bis 450 wird aus den 3 Koordinatenpaaren der Krümmungsmittelpunkt bestimmt.

Zeile 500 bis 514 liefert die PR-Rechnung.

Die folgende Zugehörigkeit der Formelzeichen zu Variablen wurde gewählt:

$r \to$ R	$l_y \to$ LY	$y_{CA} \to$ Y	$\beta \to$ B
$l \to$ L	$x_{BA} \to$ XB	$\varphi \to$ P	$\delta \to$ D
$l_1 \to$ L1	$y_{BA} \to$ YB	$\Delta\varphi \to$ DP	
$e \to$ E	$x_{CA} \to$ X	$\epsilon \to$ EP	

WU: RU: XU: YU → Koordinaten für PR-Rechnung.

Das Verfahren möge an einem Beispiel erläutert werden. Es sei eine willkürliche Anordnung, wie in den Bildern 7-1 und 7-2 gezeichnet, mit folgenden Werten gegeben: r = 40 mm; e = 50 mm; l_1 = 65 mm; l = 200 mm; $\epsilon = 12°$; $\Delta\varphi = 10°$ (siehe hierzu auch den Ergebnisausdruck des Programmes 7-1). Als Ergebnis der Rechnung erhält man (siehe Ergebnisausdruck) z.B. für $\varphi = 90°$ als Koordinaten des Krümmungsmittelpunktes x_M = 50,8 mm und $y_m = -56{,}3$ mm. Die Wahl für einen festen Krümmungsmittelpunkt M_C möge auf die Koordinaten $x_M = 51$ mm und $y_M = -60$ mm fallen.

Mit diesen Werten kann nun ein 4-Gelenk-System, wie im Bild 5-10 dargestellt, berechnet werden.

Hierbei entspricht:

Kurbelradius r = 40 mm.
Koppellänge $k \mathrel{\hat{=}} l_1 = 65$ mm.
Schwingenlänge s = Abstand $M_c - C$

$s = \sqrt{(x_M - x_C)^2 + (y_M - y_C)^2}$; $s = 59{,}18$ mm.

Festpunktabstand l_0 = Abstand A–M_c

$l_0 = \sqrt{x_M^2 + y_M^2}$; $l_0 = 78{,}75$ mm.

Lage des Punktes E auf der Koppel gegeben durch

$f \mathrel{\hat{=}} l = 200$ mm; $\sphericalangle\,\beta = 12° \mathrel{\hat{=}} \sphericalangle\,\epsilon$.

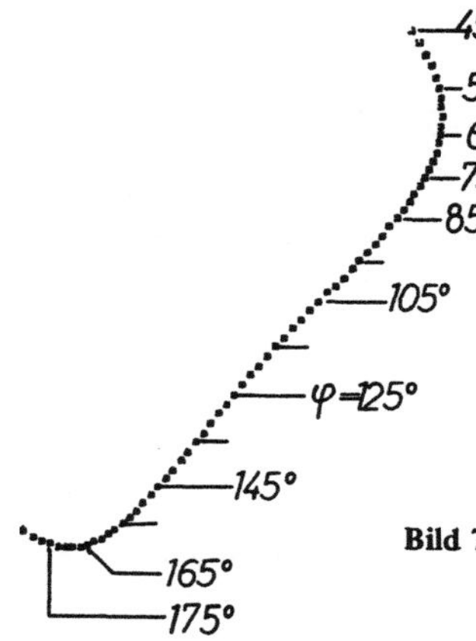

Bild 7.3

Zusammenfassung der Daten:

$r = 40$ mm; $k = 65$ mm; $s = 59{,}18$ mm; $l_0 = 78{,}75$ mm; $f = 200$ mm; $\beta = 12°$

Mit diesen Werten wurde der Weg des Punktes E im Bereich von $\varphi = 45°$ bis $\varphi = 180°$ aufgezeichnet. Bild 7-3 zeigt den Computerausdruck, wobei die Zahlen der jeweiligen Winkelstellung der Kurbel AB von Hand eingezeichnet wurden. Der Maßstab der Aufzeichnung im Bild 7-3 ist unverzerrt. Man erkennt eine recht gute Geradführung des Punktes E innerhalb eines Winkelbereiches von $\varphi \sim 75°$ bis $\varphi \sim 160°$. Der Winkelsprung bei der Aufzeichnung beträgt 2°.

Programm 7-1 Zur Berechnung von Koordinaten des Punktes C und der Koordinaten des Krümmungsmittelpunktes.

```
10:LPRINT "Alle W
   erte in mm, s
   und Grad einge
   ben"
11:DIM X(3),Y(3)
12:INPUT "r=";R,"
   e=";E,"l=";L,"
   l1=";L1,"EP=";
   EP,"DP=";DP
13:LPRINT
16:LPRINT "Eingeg
   eben:"
18:LPRINT "r=";R;
   " mm"
20:LPRINT "e=";E;
   " mm"
22:LPRINT "l1=";L
   1;" mm"
24:LPRINT "l=";L;
   " mm"
26:LPRINT "EP=";E
   P;"Grad"
28:LPRINT "DP=";D
   P;" Grad"
36:LPRINT
50:P=0
54:FOR I=1TO 3
56:RU=R:WU=P:
   GOSUB 500
58:XB=XU:YB=YU:LY
   =E+R*SIN P:B=
   ASN (LY/L):D=3
   60-B-EP
60:WU=D:RU=L1:
   GOSUB 500
62:X(I)=XU+XB:Y(I
   )=YU+YB:P=P+DP
64:NEXT I
66:USING :LPRINT
   "P=";P-2*DP
70:GOTO 405
405:XU=X(2)-X(1):Y
    U=Y(2)-Y(1):
    GOSUB 504
410:B=WU:S1=RU/2:X
    U=X(3)-X(2):YU
    =Y(3)-Y(2):
    GOSUB 504
415:G=WU:S2=RU/2:D
    =B+180-G
420:D1=ATN (1/SIN
    D*(S2/S1-COS D
    ))
```

Fortsetzung Programm 7.1

```
430:WU=B+180-D1:RU
    =S1/COS D1:
    GOSUB 500
435:XM=X(2)+XU:YM=
    Y(2)+YU
440:USING "###.#"
442:LPRINT "X=";X(
    2);"  Y=";Y(2)
444:LPRINT "XM=";X
    M;"  YM=";YM
446:LPRINT
448:IF P>180STOP
450:P=P-2*DP:GOTO
    54
500:XU=RU*COS WU:Y
    U=RU*SIN WU
502:RETURN
504:RU=√(XU^2+YU^2
    )
506:IF YU<0GOTO 51
    2
508:WU=ACS (XU/RU)
510:RETURN
512:WU=360-ACS (XU
    /RU)
514:RETURN
```

Beispielhafter Ausdruck des Programm 7.1 (Berechnung der Koordinaten)

```
Alle Werte in mm,
s und Grad eingebe
n

Eingegeben:
r= 40 mm
e= 50 mm
l1= 65 mm
l= 200 mm
EP= 12Grad
DP= 10 Grad

P= 10
X= 96.4   Y=-24.1
XM= 74.4   YM=-34.4

P= 20.0
X= 93.5   Y=-19.3
XM= 68.6   YM=-38.1

P= 30.0
X= 89.4   Y=-14.9
XM= 62.2   YM=-43.9

P= 40.0
X= 84.3   Y=-10.8
XM= 56.6   YM=-51.0

P= 50.0
X= 78.4   Y= -7.3
XM= 52.6   YM=-57.8

P= 60.0
X= 71.8   Y= -4.5
XM= 50.5   YM=-62.6

P= 70.0
X= 64.9   Y= -2.4
XM= 50.0   YM=-64.0

P= 80.0
X= 57.7   Y= -1.1
XM= 50.5   YM=-61.7

P= 90.0
X= 50.6   Y= -0.6
XM= 50.8   YM=-56.3

P=P= 100
X= 43.8   Y= -1.1
XM= 50.3   YM=-49.0

P= 110
X= 37.5   Y= -2.4
XM= 48.8   YM=-41.4

P= 120
X= 31.8   Y= -4.5
XM= 46.3   YM=-34.7
```

8 Kurvengetriebe

Es werden im folgenden zwei Arten von Krvengetrieben dargestellt:

1. Kurventrommeln und Kurvenschlitten, wobei der Kurvenschlitten durch Abwicklung einer Kurventrommel in die Ebene entsteht. Der Kurvenschlitten ist als einfachste Form eines Kurvengetriebes am besten geeignet, die Bewegungsvorgänge durchschaubar zu machen. In den Kapiteln 8 bis 11 werden diese Bewegungsvorgänge dargestellt.
2. Kurvenscheiben und Nockenscheiben. Dies sind die wohl am weitesten verbreiteten Kurvengetriebe. Die Bestimmung deren Kurvenformen wird mit Hilfe der unter 1. gefundenen Formeln im Kapitel 13 vorgenommen.

8.1 Kurvenschlitten, abgewickelte Kurventrommel

Auf der Stirnfläche eines – im Beispiel (Bild 8-1) schräg abgeschnitten – Rohres läuft die Rolle eines Stößels (Rollenstößel). Während die Kurventrommel sich mit der Winkelgeschwindigkeit ω dreht, erfolgt die Bewegung des Stößels in Achsrichtung der Kurventrommel. Zur Vereinfachung der rechnerischen Darstellung möge die Kurventrommel an

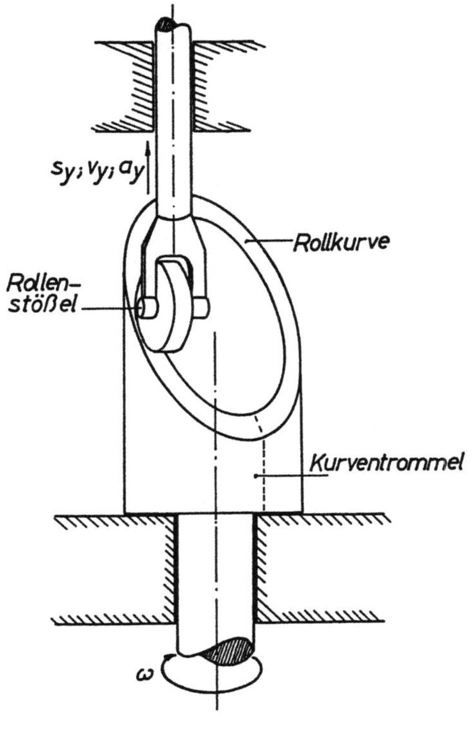

Bild 8.1

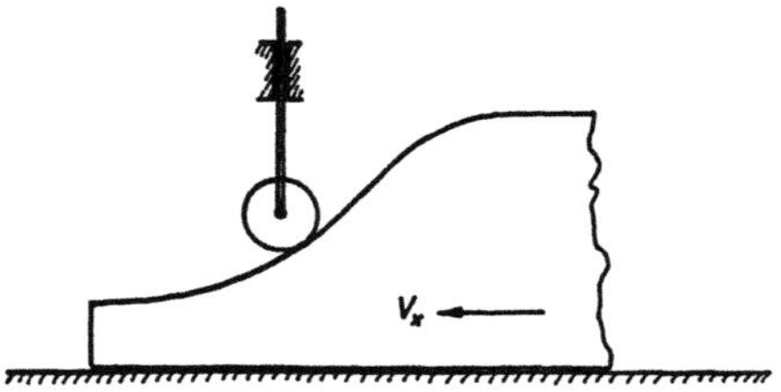

Bild 8.2

der gestrichelten Linie aufgeschnitten und in die Ebene abgewickelt sein. Man erhält dann einen Kurvenschlitten nach Bild 8-2, der mit der konstanten Horizontalgeschwindigkeit v_x nach links geführt wird, während sich der Stößel mit einer variablen Geschwindigkeit v_y nach oben bewegt. Die Geschwindigkeit v_x entspricht der Umfangsgeschwindigkeit der Kurventrommel, also $v_x = \omega \cdot r$, wobei ω die Winkelgeschwindigkeit und r der Radius der Kurventrommel ist.

8.2 Schlittenlänge, Schlittengeschwindigkeit, Steigungswinkel der Schlittenkurve

Der in Bild 8-3 dargestellte Schlitten bewegt sich mit der konstanten Horizontalgeschwindigkeit v_x nach links. Als Stößel stelle man sich einen Abtaster vor, der von der Schlittenkurve in vertikaler Richtung bewegt wird. Der Stößel soll innerhalb der Zeit T um den Hub H von der Schlittenkurve, die die Länge L hat, angehoben werden.

Damit erhält man: $v_x = \frac{L}{T}$ für die Schlittengeschwindigkeit. Die momentane Stößel-Schlittenposition ist durch die Koordinaten x und s_y bestimmt, die damit die gesuchten Koordinaten der Schlittenkurve sind. Dem x-Wert entspricht eine Zeitspanne t, die vom Beginn der Hubbewegung an gerechnet wird.

Also gilt auch: $v_x = \frac{x}{t}$ und $t = T \cdot \frac{x}{L}$.

Die von der Schlittenkurve auf den Stößel zu übertragende Kraft steht immer senkrecht auf der Schlittenkurve. Daher wird der Stößel immer mehr oder weniger auch auf Biegung belastet. Je gestreckter die Schlittenkurve ist, um so geringer ist die „Biegekomponente". Man legt daher einen ungefähren Wert für die maximale Steigung β_{max} fest. Er hat die Größe: $\tan\beta_{max} \approx 2 \cdot \frac{H}{L}$.

Bei sinusförmigem Verlauf gilt: $\tan\beta_{max} = 2 \cdot \frac{H}{L}$.

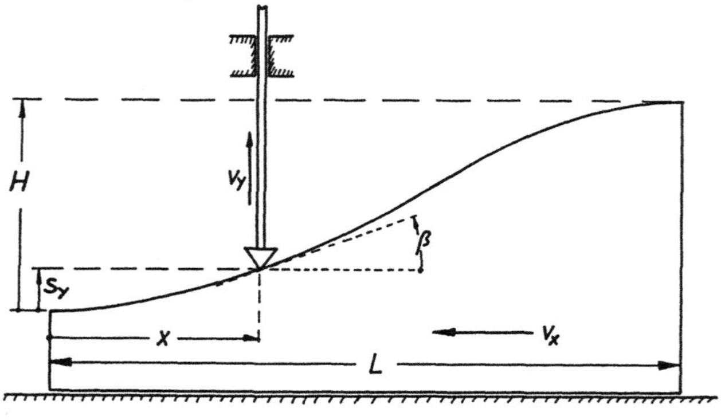

Bild 8.3

8.3 Die Rollenmittelpunktskurve

In Bild 8-4 ist ein Schlitten skizziert, dessen Steuerkurve (RK.) eine Spitze hat. Ein Rollenstößel wird vom Schlitten bewegt. Es bedeuten:

RK. = Rollkurve,

das ist die auf dem Schlitten befindliche Kurve, auf welcher die Stößelrolle läuft.
MPk. = Mittelpunktskurve: der Rollenmittelpunkt bewegt sich auf einer Kurve, die von der auf dem Schlitten aufgebrachten RK. verschieden ist.

Der Unterschied beider Kurven entsteht durch den endlichen Rollendurchmesser (d_r). Wird der Durchmesser der Rolle zu Null (Abtaster), so sind die beiden Kurven MPk. und RK. identisch.

Da die Stößelbewegung Ausgangspunkt jeder Getriebeberechnung ist, muß zunächst die Mittelpunktskurve gefunden werden. In den folgenden Kapiteln sind die Rechenverfahren zur Bestimmung der Mittelpunktskurve angegeben. Im Kapitel 12 wird dann in Abhängigkeit vom Durchmesser der Rolle die Rollkurve (RK.) bestimmt.

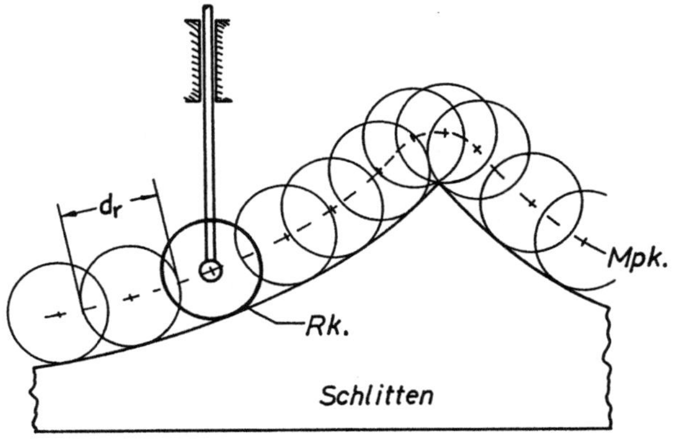

Bild 8.4

9 Kurvenformkriterien

Es erhebt sich nun die Frage, nach welchen Gesichtspunkten die Kurvenform des Schlittens ausgebildet werden soll. Im Regelfall wird sowohl der Hub des Stößels als auch das Zeitintervall, innerhalb dessen das Heben bzw. Absenken erfolgen soll, vorgegeben sein. Es ist naheliegend, den Bewegungsablauf des Stößels so auszuführen, daß die vertikale Beschleunigung des Stößels möglichst gering gehalten wird, damit die das Getriebe belastenden Massenkräfte gering bleiben. Auf der anderen Seite darf der Beschleunigungsverlauf keine Sprünge, d.h. plötzliche Änderung der Beschleunigungsgröße aufweisen, da an den Sprungstellen punktuelle Verformungen der Kurvenbahn auftreten können. Ferner darf die Steilheit der Schlittenkurve einen meist vorgegebenen Wert nicht übersteigen, da sonst der Stößel zu stark auf Biegung belastet wird. Durch eine Verlängerung des Schlittens erhält man einen flacheren Verlauf der Schlittenkurve, jedoch keine Verminderung der vertikalen Stößelbeschleunigung, da bei Beibehaltung des Arbeitstaktes der längere Schlitten – das entspricht einer Kurventrommel mit einem größeren Durchmesser – auch schneller bewegt werden muß.
Es muß also die Form der Schlittenkurve so ausgeführt werden, daß u.a. die vorgegebenen Beschleunigungsbedingungen erfüllt werden. Somit entsteht die Aufgabe, aus einem vorgegebenen Beschleunigungsverlauf die Weg-Kurve zu ermitteln.

9.1 Ermittelung des Hubes aus einer vorgegebenen Beschleunigung

Es sei der zeitliche Verlauf einer Beschleunigung z.B. in Form eines a-t-Diagramms vorgegeben. Bild 9-1 stellt einen Ausschnitt eines a-t-Diagramms dar. Ein kleines Zeitintervall $\Delta t = t_2 - t_1$ werde herausgegriffen. Der Verlauf der Beschleunigung kann als linear angenommen werden, wenn man das Zeitintervall klein genug wählt. Es entsteht dann ein Trapez mit den Eckpunkten t_1, t_2, a_1, a_2. Die in Bild 9-1 schraffiert gezeichnete Trapezfläche stellt den Geschwindigkeitszuwachs Δv dar, da $a = \frac{\Delta v}{\Delta t}$ und somit $\Delta v = a \cdot \Delta t$ ist. hierbei ist a die mittlere Beschleunigung zwischen a_1 und a_2. Also $a = \frac{a_1 + a_2}{2}$. Es gilt dann: $\Delta v = \frac{a_1 + a_2}{2} \cdot \Delta t$.

Bild 9.1

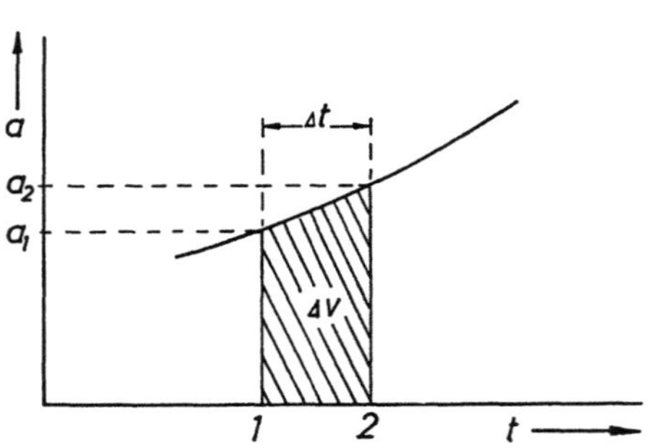

Hat der Stößel an der Stelle t_1 die Geschwindigkeit v_1, so erhält man seine Geschwindigkeit v_2 zu: $v_2 = v_1 + \frac{a_1 + a_2}{2} \cdot \Delta t$.

Zu Beginn des Beschleunigungsvorgangs muß gelten: $t = 0$ und $a = 0$, da keine Beschleunigungssprünge zugelassen sind. Man kann also den Verlauf der Geschwindigkeit dadurch bestimmen, daß man immer ein Stückchen Δt weitergeht, und aus der vorgegebenen Beschleunigung den Geschwindigkeitszuwachs Δv berechnet und zum vorherigen Wert von v hinzuaddiert.

Die Berechnung des Weges erfolgt nach der gleichen Methode. Ein Ausschnitt eines Geschwindigkeit-Zeit-Diagramms stellt Bild 9-2 dar. Auch hier gilt:

$$v = \frac{\Delta s}{\Delta t}$$

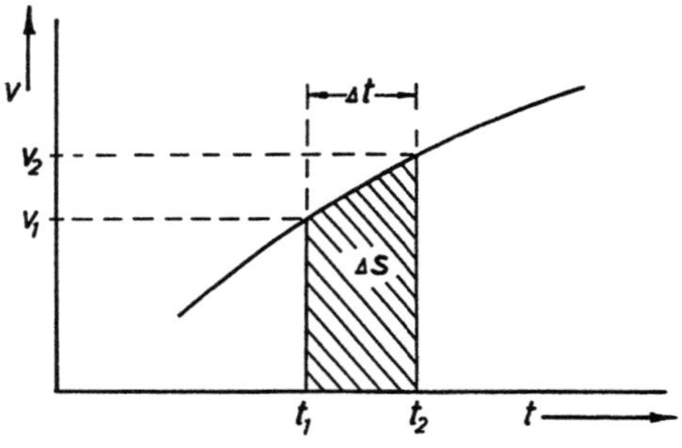

Bild 9.2

mithin $\Delta s = v \cdot \Delta t$, wobei $\Delta t = t_2 - t_1$ ist. Die schraffierte Fläche entspricht dem Wegzuwachs Δs, und es gilt bei genügend kleinen Δt:

$$\Delta s = \frac{1}{2}(v_1 + v_2) \cdot \Delta t.$$

Die Werte von v_1 und v_2 sind aus dem a-t-Verlauf berechnet.

Man hat so die Möglichkeit, den Weg schrittweise, mit $t = 0$ beginnend, zu berechnen. Im folgenden Abschnitt 9-2 wird die Rechnung an einem Beispiel erläutert.

9.2 Der symmetrische, sinusförmige Beschleunigungsverlauf

Ein Stößel soll von einem Kurvenschlitten oder einer Kurventrommel um den Hub H angehoben werden. Dieser Vorgang soll während der Zeitdauer T erfolgen. Die Beschleunigung des Stößels soll sinusförmig sein. Der Vorgang ist in Bild 9-3 dargestellt: Der Stößel erfährt zunächst eine Aufwärtsbeschleunigung. Dabei nimmt seine Geschwindigkeit v_y ständig zu. Bei der halben Hubzeit (T/2) ist die Beschleunigung zu Null geworden, die Geschwindigkeit v_y hat ein Maximum erreicht, und der Stößel ist um den halben Hub (H/2) angehoben. Von diesem Punkt an muß die Aufwärtsgeschwindigkeit abgebremst werden. Dazu ist eine negative, d.h. nach unten gerichtete Beschleunigung nötig. Während die Aufwärtsgeschwindigkeit stetig abnimmt, legt der Stößel die zweite Hälfte seines Hubweges s_y zurück. Damit die Geschwindigkeit v_y beim Erreichen des vollen Hubes zu Null wird, muß die negative Beschleunigungsfläche im a-t-Diagramm gleich groß der positiven Beschleunigungsfläche sein. Dies gilt allgemein und immer, also auch bei nicht sinusförmigem und/oder unsymmetrischem Beschleunigungsverlauf.

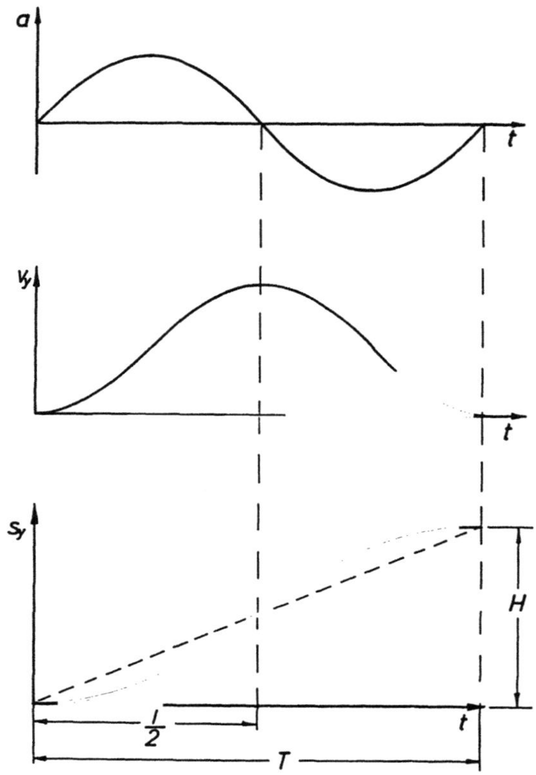

Bild 9.3

Die Beschleunigung möge in diesem Beispiel die Form haben:

$$a = a_{max} \cdot \sin\left(\frac{2\pi \cdot t}{T}\right).$$

Bei vorgegebener Hubzeit T und Hubhöhe H muß der Scheitelpunkt der Beschleunigung a_{max} einen bestimmten Wert annehmen. Dieser kann mit Hilfe der folgenden zwei Schritte bestimmt werden:

1. Der vorgegebene Hub ist gleich der Fläche unter der v-t-Kurve.
2. Die maximale Geschwindigkeit v_{max} ist gleich der positiven a-t-Fläche (Bild 9-4). Die schraffierte Fläche hat die Größe:

$$A = \frac{2}{\pi} \cdot \frac{T}{2} \cdot a_{max}.$$

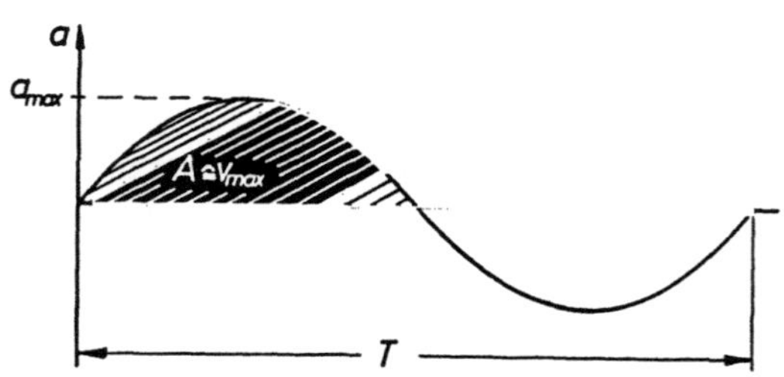

Bild 9.4

Man erhält diesen Wert aus:

$$A = \int_0^{T/2} a \cdot dt = \int_0^{T/2} a_{max} \cdot \sin\left(\frac{2\pi \cdot t}{T}\right) \cdot dt$$

$$A = -\frac{T}{2\pi} \cdot a_{max} \cdot \cos\left(\frac{2\pi \cdot t}{T}\right) \Big|_0^{T/2} .$$

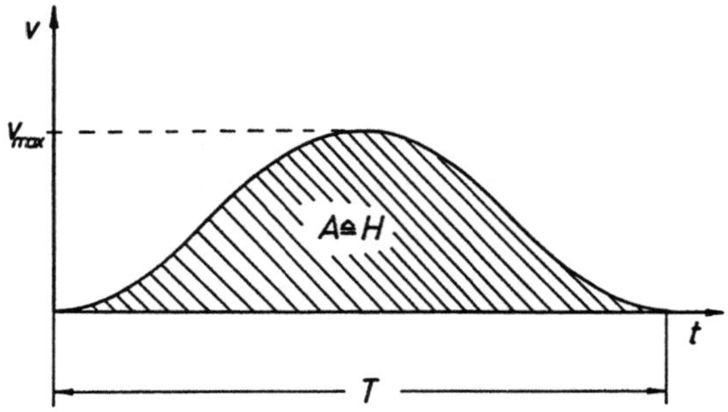

Bild 9.5

Mithin ist:

$$v_{max} = \frac{T}{\pi} \cdot a_{max} .$$

Die Geschwindigkeit verläuft in Form einer Cosinuskurve wie im Bild 9-5 dargestellt. Die schraffierte Fläche entspricht dem Gesamthub H. Man erhält entweder aus der Summation der Einzelflächen im v-t-Diagramm oder aus einer Integrationsrechnung den Wert dieser Fläche.

Im Bild 9-6 sind die beiden schraffiert gezeichneten Flächen gleich groß, $A_1 = A_2$. Die Fläche unter der v-t-Linie hat dann die Größe: $T \cdot \frac{v_{max}}{2}$, und sie entspricht dem Hub.

$$H = T \cdot \frac{v_{max}}{2} = \frac{a_{max}}{2\pi} \cdot T^2$$

$$a_{max} = \frac{2 \cdot \pi \cdot H}{T^2}$$

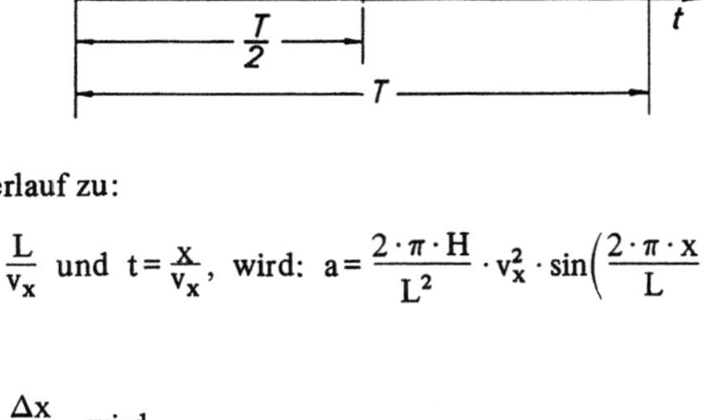

Bild 9.6

Somit erhält man den Beschleunigungsverlauf zu:

$$a = \frac{2 \cdot \pi \cdot H}{T^2} \cdot \sin\left(\frac{2\pi \cdot t}{T}\right) \text{ mit } T = \frac{L}{v_x} \text{ und } t = \frac{x}{v_x}, \text{ wird: } a = \frac{2 \cdot \pi \cdot H}{L^2} \cdot v_x^2 \cdot \sin\left(\frac{2 \cdot \pi \cdot x}{L}\right).$$

Ferner gilt aus 9.1:

$$v_{i+1} = v_i + \frac{a_i + a_{i+1}}{2} \cdot \Delta t; \text{ mit } \Delta t = \frac{\Delta x}{vx}, \text{ wird}$$

$$v_{i+1} = v_i + \frac{a_i + a_{i+1}}{2} \cdot \frac{\Delta x}{vx}; \text{ und } s_{i+1} = s_i + \frac{v_i + v_{i+1}}{2} \cdot \frac{\Delta x}{vx} .$$

Das folgende *Zahlenbeispiel* soll die Situation verdeutlichen:

Es sei gefordert: Hub H = 30 mm, Hubzeit T = 28 ms = 0,028 s, maximaler Steigungswinkel $\beta_{max} \sim 35°$.

Die Länge der Mittelpunktskurve L erhält man aus:

$$L = \frac{2 \cdot H}{\tan \beta_{max}} = \frac{60}{\tan 35°} = 85{,}7 \text{ mm}.$$

Es werde mit L = 86 mm weitergerechnet. Der Steigungswinkel β ist dann minimal kleiner. Gesucht sind die s_y-Werte für jeweils 5 mm fortschreitende x-Werte, beginnend bei x = 0 (und weiter x = 5; 10; 15; ....85 mm). Die Schlittengeschwindigkeit v_x ergibt: $v_x = L/T$. Um im Deg.-Modus rechnen zu können, wird die Beschleunigung in der Form

$$a = \frac{2 \cdot \pi \cdot H}{T^2} \cdot \sin\left(\frac{360 \cdot x}{L}\right)$$

angeschrieben.

Es wird mit einer Schrittgröße von Δx = 1 mm gerechnet und jeder fünfte Schritt ausgedruckt. Die ersten 5 Schritte werden zur Erläuterung einzeln ausgerechnet.

Durch Einsetzen von x in die die Beschleunigungsformel erhält man Tabelle 1. Zur Berechnung der Geschwindigkeit wird verwendet:

$$v_2 = v_1 + \frac{a_1 + a_2}{2} \cdot \frac{\Delta x}{v_x}$$

$$v_2 = v_1 + \frac{a_1 + a_2}{2} \cdot \frac{1 \text{ mm} \cdot T}{L} .$$

Tabelle 1

x mm,	a mm/s^2
0	0
1	17550.11819
2	35006.5989
3	52276.30425

Setzt man die Zahlenwerte in die Geschwindigkeitsformeln ein, so erhält man:

$$v_1 = 0 + \frac{0 + 17550,11819 \cdot 1 \cdot 28}{2 \cdot 86 \cdot 1000}$$

$v_1 = 2,856995984$ mm/s

$$v_2 = 2,856995984 + \frac{(17550{,}11819 + 35006{,}5989) \cdot 28}{2 \cdot 86 \cdot 1000}$$

$v_2 = 11 \cdot 41274063$ mm/s

$$v_3 = 11{,}41274063 + \frac{(35006{,}5989 + 52276{,}30425) \cdot 28}{2 \cdot 86 \cdot 1000}$$

$v_3 = 25{,}62158533$ mm/s

usw. $v_4 = \ldots$

$v_5 = \ldots$

Zusammenfassung in Tabelle 2

Tabelle 2

x mm,	v mm/s
0	0
1	2.856995985
2	11.41274063
3	25.62158533
4	45.40771976
5	70.66557633

Die Berechnung des Weges erfolgt mit Hilfe der Formel:

$$s_2 = s_1 + \frac{v_1 + v_2}{2} \cdot \frac{T}{L} \cdot \Delta x$$

Der Rechenvorgang ist im Prinzip der gleiche wie bei der Berechnung der Geschwindigkeit aus der Beschleunigung. Die Ergebnisse der Wegrechnung sind in Tabelle 3 angegeben.

Tabelle 4 zeigt die auf 1/1000 mm begrenzten Werte von s_y für x von 5 bis 85 mm in 5 mm Sprüngen. Durch Aufzeichnen der Werte von s_y über x erhält man die Mittelpunktskurve.

Tabelle 3

x in mm	Sy in mm
0	0
1	4.650923697E-04
2	2.788072749E-03
3	8.816916511E-03
4	2.037982664E-02
5	3.927547949E-02

Tabelle 4

x in mm	Sy in mm
5	0.039
10	0.303
15	0.987
20	2.231
25	4.101
30	6.580
35	9.571
40	12.910
45	16.385
50	19.768
55	22.844
60	25.435
65	27.431
70	28.798
75	29.585
80	29.919
85	29.986

9.3 Vergleich mit „geneigter Sinuslinie"

Das nachstehende Kapitel zeigt einen anderen Weg auf, um eine Schlittenkurve, die einen sinusförmigen Beschleunigungsverlauf am Stößel liefert, zu erzeugen. Dieser Weg ist jedoch mathematisch anspruchsvoller und überdies nur auf eine sinusförmige Beschleunigung beschränkt, während das in 9.1 dargestellte Verfahren in immer gleicher Form auf jeden beliebigen Beschleunigungsverlauf angewendet werden kann. Der Sinn dieses Abschnitts liegt darin, einen Vergleich zwischen den beiden Rechenverfahren herzustellen. Im Grunde genommen ist dieser Vergleich fragwürdig, da minimale Unterschiede in der Schlittenkurve ebenso minimale Unterschiede in der Beschleunigung liefern. Die Funktion des Getriebes wird dadurch jedoch in keiner Weise beeinflußt. Aber es ist vielleicht interessant, einen Vergleich beider Verfahren kennenzulernen.

Es sei die Beschleunigung in der Form $a = a_{max} \cdot \sin\left(\frac{2\pi \cdot x}{L}\right)$ vorgegeben.

Die Geschwindigkeit v_y ist durch das Integral $v = \int a dt$ gegeben.

Also: $v_y = a_{max} \cdot \int \sin\left(\frac{2 \cdot \pi \cdot x}{L}\right) \cdot dx \cdot \frac{dt}{dx}$.

Mit $\frac{dt}{dx} = \frac{1}{v_x}$ und mit der Randbedingung, daß für x = 0, v_y ebenfalls gleich 0 sein muß, erhält man für v_y:

$$v_y = \frac{a_{max} \cdot L}{2 \cdot \pi \cdot v_x} \cdot \left(1 - \cos\left(\frac{2 \cdot \pi \cdot x}{L}\right)\right).$$

Aus dem Integral $\int v_y dt$ erhält man die Wegfunktion: $s_y = \int v_y \cdot dx \cdot \frac{dt}{dx}$.

Mit den Randbedingungen $x = 0 \rightarrow s_y = 0$

$x = L \rightarrow s_y = H$

wird nach Einsetzen:

$$s_y = \frac{H}{L} \cdot x - \frac{H}{2 \cdot \pi} \cdot \sin\left(\frac{2 \cdot \pi \cdot x}{L}\right).$$

Der Scheitelwert für die Beschleunigung a_{max} hat die Größe:

$$a_{max} = \frac{2 \cdot \pi \cdot H}{L^2} \cdot v_x^2.$$

Zusammenstellung der Formeln:

$$s_y = \frac{H}{L} \cdot x - \frac{H}{2 \cdot \pi} \cdot \sin\left(\frac{360 \cdot x}{L}\right)$$

$$v_y = \frac{H}{L} \cdot v_x \left(1 - \cos\left(\frac{360 \cdot x}{L}\right)\right)$$

$$a = \frac{2 \cdot \pi \cdot H}{L^2} \cdot v_x^2 \cdot \sin\left(\frac{360 \cdot x}{L}\right)$$

Tabelle 5

5	0,038
10	0.302
15	0,986
20	2.230
25	4,101
30	6,581
35	9.574
40	12.915
45	16,392
50	19.778
55	22.856
60	25,449
65	27,445
70	28,812
75	29.600
80	29.933
85	29.999

Das im vorherigen Abschnitt angeführte Zahlenbeispiel, bei dem gegeben war: Hub H = 30 mm; L = 86 mm; T = 0.028 s, soll mit obigen Formeln durchgerechnet werden. Tabelle 5 enthält die Zahlenwerte von s_y für die x-Werte von 5 bis 85 mm, beschränkt auf 1/1000 mm in 5 mm Sprüngen. Beim Vergleich mit den s_y-Werten aus dem Differenzenverfahren (Tabelle 4) stellt man fest, daß die maximalen Unterschiede 0,014 mm betragen. Das entspricht etwa 0,07 %.

Angesichts fertigungstechnischer Grenzen sowie des notwendigen Spieles innerhalb eines Getriebes, dürfte der oben erwähnte Unterschied kaum praktische Bedeutung besitzen.

10 Der unsymmetrische trapezförmige Beschleunigungsverlauf

Es besteht der verständliche Wunsch, die Kräfte innerhalb eines Getriebes möglichst gering zu halten. Dies gelingt bis zu einem gewissen Maße dadurch, daß man einerseits die maximale Beschleunigung niedrig hält, zum anderen möglicherweise die Verteilung von positiver und negativer (Verzögerung) Beschleunigungsflächen unsymmetrisch wählt. Die Beschleunigung sollte rasch auf ihren Maximalwert ansteigen, diesen dann möglichst lange beibehalten, um anschließend dem gleichen Verlauf folgend in den negativen Teil überzugehen.

Im Bild 10-1 sind die Verläufe von Beschleunigung a, Geschwindigkeit v und Weg s bei unsymmetrischem trapezförmigem Beschleunigungsverlauf prinzipiell dargestellt.

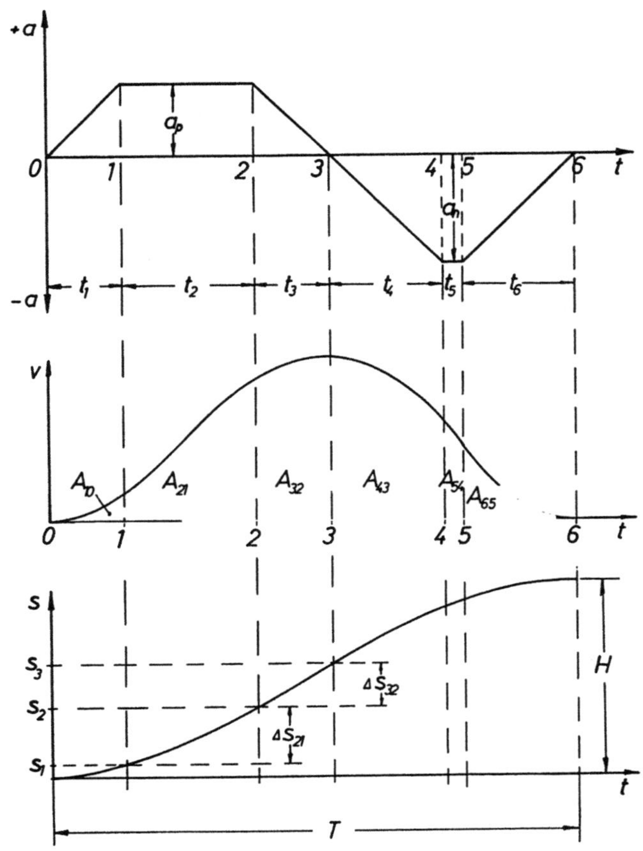

Bild 10.1

Während des Zeitabschnittes t_1 steigt die Beschleunigung linear an. Dann folgt während der Zeitdauer t_2 der Bereich konstanter Beschleunigung. Anschließend fällt sie während der Zeit t_3 linear auf Null ab, um dann weiter linear während der Zeit t_4 ins Negative (Verzögerung) zu gehen. Die Zeitdauer konstanter Negativbeschleunigung ist t_5. Der anschließende Abfall auf den Wert Null erfolgt in der Zeit t_6.

Da bei jeder Stößelbewegung die Anfangs- und Endgeschwindigkeit der Hubbewegung Null wird, muß die positive und negative Beschleunigungsfläche im a-t-Diagramm jeweils gleich groß sein.

In 9.1 wurde gezeigt, daß eine Fläche im a-t-Diagramm eine Geschwindigkeitsänderung darstellt und dementsprechend eine Fläche im v-t-Diagramm einer Wegänderung entspricht.

Es gilt also z.B.: $a_p \cdot t_2 = v_2 - v_1$ und $A_{21} = s_2 - s_1 = \Delta s_{21}$ (Bild 10-1).

Es bedeuten:

a_p = Maximalwert der positiven Beschleunigung.

a_n = Maximalwert der negativen Beschleunigung.

$t_{1 \ldots 6}$ die Zeiten der Beschleunigungsphasen.

A_{10}; A_{21}; ... A_{65}, die Flächen unter der v-Linie in den entsprechenden Abschnitten (0–1; 1–2; ..).

Δs_{21} ist der Wegzuwachs während der Zeit t_2, usw.,

Die Summe der Flächen $A_{10} + A_{21} + A_{32} + \ldots + A_{65}$ liefert den Gesamthub H.

Für die weiteren Betrachtungen sollen im ganzen a-t-Diagramm gleiche Steigungen angenommen werden. Dann gilt:

$$\frac{a_p}{t_1} = \frac{a_p}{t_3} = \frac{a_n}{t_4} = \frac{a_n}{t_6} = K.$$

Damit gilt ferner: $t_1 = t_3$ und $t_4 = t_6$.

Es soll weiterhin das Verhältnis von a_p zu a_n vorgegeben sein:

$$\kappa = \frac{a_n}{a_p}.$$

Es lassen sich dann bei vorgegebenen Werten von K; t_1; T und κ die übrigen Größen im a-t-Diagramm bestimmen.

Als Bedingungen werden dabei verwendet:

1. Gleichheit der positiven und negativen a-t-Flächen.
2. Die Summe der Einzelzeiten muß gleich der Gesamthubzeit sein: $\Sigma t_i = T$.

Die Gleichheit der positiven und negativen a-Flächen liefert:

$$\frac{1}{2} t_1 \cdot a_p + t_2 \cdot a_p + \frac{1}{2} t_3 \cdot a_p = \frac{1}{2} t_4 \cdot a_n + t_5 \cdot a_n + \frac{1}{2} t_6 \cdot a_n$$

$$a_p \cdot \left(t_1 + t_2\right) = a_n \cdot (t_4 + t_5); \text{ mit } \frac{a_n}{a_p} = \kappa; \ \kappa = \frac{t_1 + t_2}{t_4 + t_5}$$

$$K = \frac{a_p}{t_1} = \frac{a_n}{t_4}; \quad t_4 = \kappa \cdot t_1 \qquad T = 2 \cdot t_1 + t_2 + 2 \cdot t_4 + t_5$$

Nach Einsetzen der Gleichungen erhält man:

$$t_2 = \frac{\pi}{\kappa + 1} \cdot T - t_1 \cdot (\kappa + 1)$$

$$t_3 = t_1$$

$$t_4 = \kappa \cdot t_1$$

$$t_5 = \frac{T}{\kappa + 1} - t_1 \cdot (\kappa + 1)$$

$$t_6 = t_4$$

Die Berechnung der einzelnen Wegabschnitte liefert (Bild 10-1):

Bereich 0-1: $v_t = \int a dt = \int_0^t K \cdot t \, dt = K \cdot \frac{t^2}{2}; \quad \underline{v_1 = K \cdot \frac{t_1^2}{2}}$

$$A_{10} = s_1 = \int v dt = \int K \cdot \frac{t^2}{2} dt = K \cdot \frac{t^3}{6}; \quad \underline{s_1 = K \cdot \frac{t_1^3}{6}}$$

Bereich 1-2: $v = v_1 + \int a dt = v_1 + a_p \cdot t; \quad \text{mit } a_p = K \cdot t_1$

$$\underline{v_2 = v_1 + K \cdot t_1 \cdot t_2}; \quad \underline{\Delta s_{21} = \frac{v_1 + v_2}{2} \cdot t_2}$$

Bereich 2-3: $\underline{v_3 = v_2 + \frac{1}{2} \cdot K \cdot t_3^2} \quad \text{mit } a = a_p - K \cdot t = K(t_1 - t)$

$$\underline{\Delta s_{32} = v_2 \cdot t_3 + K \cdot \frac{t_3^3}{3}}$$

Bereich 3-4: $\underline{v_4 = v_3 - \frac{1}{2} K \cdot t_4^2} \quad \underline{\Delta s_{43} = v_3 \cdot t_4 - K \cdot \frac{t_4^3}{6}}$

Bereich 4-5: $\underline{v_5 = v_4 - K \cdot t_4 \cdot t_5} \quad \underline{\Delta s_{54} = \frac{v_4 + v_5}{2} \cdot t_5}$

Bereich 5-6: $\underline{v_6 = 0} \quad \underline{\Delta s_{65} = v_5 \cdot t_6 - K \cdot \frac{t_6^3}{3}}.$

Da die Zeiten t_1 und t_3 einander gleich sind, und ebenso $t_4 = t_6 = \kappa \cdot t_1$, vereinfachen sich die Formeln für Weg und Geschwindigkeit.

Zusammenfassend erhält man:

$$v_1 = K \cdot \frac{t_1^2}{2} \qquad s_1 = K \cdot \frac{t_1^3}{6}$$

$$v_2 = v_1 + K \cdot t_1 \cdot t_2 \qquad \Delta s_{21} = \frac{v_1 + v_2}{2} \cdot t_2$$

$$v_3 = v_2 + v_1 \qquad \Delta s_{32} = v_2 \cdot t_1 + 2 \cdot s_1$$

$$v_4 = v_3 - \kappa^2 \cdot v_1 \qquad \Delta s_{43} = v_3 \cdot t_4 - \kappa^3 \cdot s_1$$

$$v_5 = v_4 - K \cdot t_4 \cdot t_5 \qquad \Delta s_{54} = \frac{v_4 + v_5}{2} \cdot t_5$$

$$v_6 = 0 \qquad \Delta s_{65} = v_5 \cdot t_4 - K \cdot \frac{t_4^3}{3}.$$

10.1 Anstiegswert K der Beschleunigung

Aus der Bedingung, daß die Beschleunigung keinen Sprung haben darf, ergibt sich die Frage: Wie schnell soll die Beschleunigung ihren Höchstwert erreichen? Wie im Bild 10-1 dargestellt, steigt zu Beginn der Stößelbewegung die Beschleunigung von Null aus linear bis zu ihrem Maximalwert an.

Dabei gilt: $a_P = K \cdot t_1$.

Hierbei ist: a_P = positiver Maximalwert
t_1 = Zeitspanne des Anstieges
K = Steigungsfaktor (mm/s^3).

Hat die Beschleunigung einen sinusförmigen Verlauf, läßt sich die Anfangssteigung bestimmen aus:

$$K = \frac{da}{dt} = \frac{d}{dt}\left(\frac{2 \cdot \pi \cdot H}{T^2} \cdot \sin\left(\frac{2 \cdot \pi \cdot t}{T}\right)\right) = \frac{4 \cdot \pi^2 \cdot H}{T^3} \cdot \cos\left(\frac{2 \cdot \pi \cdot t}{T}\right)$$

für t = 0 (Anfangswert) erhält man: $K = \dfrac{4 \cdot \pi^2 \cdot H}{T^3}$.

Um einen Anhaltswert für andere Beschleunigungsverläufe zu haben, sei auf den Kolbenmotor zurückgegriffen. Die Beschleunigung der Ventile liegt bei ca. 10^6 bis 10^7 mm/s^2. Die Werte für K haben dann eine Größe von $K \sim 10^9$ bis 10^{10} mm/s^3.

Es können jedoch derart ausgereifte Konstruktionen nicht als Norm angesehen werden. Daher soll hier mit einem K-Wert gerechnet werden, der die Größe hat:

$$K \sim 10^5 \cdot \frac{L}{T},$$

wobei L die Schlittenlänge in mm und
T die Gesamthubzeit in s ist.

10.2 Bestimmung des Beschleunigungsverlaufes bei Vorgabe von Hub und Hubzeit

Im allgemeinen werden der Stößelhub H und die Hubzeit T vorgegeben sein. Wählt man einen trapezförmigen Beschleunigungsverlauf, so erhält man Hub (Kap.10) aus der Summe der Stücke Δs: $H = s_1 + \Delta s_{21} + \Delta s_{32} + \Delta s_{43} + \Delta s_{54} + \Delta s_{65}$.

Die einzelnen Wegstücke Δs sind formelmäßig im Kap. 12 angegeben. Um sie berechnen zu können, benötigt man:

a) den Anstiegswert K der Beschleunigung. Durch Wahl von z.B. $K \sim 10^5 \cdot \frac{L}{T}$ kann K als bekannt vorausgesetzt werden;
b) das Verhältnis der maximalen negativen zur positiven Beschleunigung, $\kappa = \frac{a_n}{a_p}$ kann ebenfalls als bekannt, da gewählt, angenommen werden;
c) die Abschnittszeiten $t_1 \ldots . t_6$.

Diese Abschnittszeiten sind ebenfalls formelmäßig im Kap. 12 angegeben, und zwar in Abhängigkeit von κ, T und der ersten Abschnittszeit t_1. Hierbei sind κ und T bekannt. Die erste Abschnittszeit t_1 muß bestimmt werden. Dies geschieht am einfachsten mittels einer Iterationsrechnung:

Es wird ein Wert für t_1 gewählt und mit ihm werden die weiteren Abschnittszeiten $t_2 \ldots t_6$ berechnet, mit deren Hilfe wiederum die Wegstücke Δs bestimmt werden. Die Summe der Δs-Stücke liefern einen Hub, der mit dem in der Aufgabenstellung geforderten Hub sicherlich nicht übereinstimmen wird. Durch Wahl eines immer neuen Wertes für t_1 und des nochmaligen Durchrechnens nähert man sich dem geforderten Hub bis zu einer gewünschten Genauigkeit an.

Programm 10-2 führt die Iterationsrechnung durch und berechnet die Abschnittszeiten sowie die Maximalwerte der Beschleunigung a_p und a_n.

Es wurde folgende Zugehörigkeit der Formelzeichen zu den Variablen gewählt:

H → H	T_1 → T1	v_1 → V1	s_1 → S1
K → K	T_2 → T2	v_2 → V2	Δs_{21} → S2
κ → K1	: :	: :	Δs_{32} → S3
κ + 1 → K9			
T → T			

Programm 10-2
Bestimmung des Beschleunigungsverlaufes

```
10:INPUT "Kapa=";
   K1,"K=";K,"H="
   ;H,"T=";T
20:T1=T/20:K9=K1+
   1
30:T2=K1/K9*T-T1*
   K9:T4=K1*T1:T5
   =T/K9-T1*K9
40:V1=K/2*T1^2:V2
   =V1+K*T1*T2:V3
   =V2+V1:V4=V3-K
   1^2*V1:V5=V4-K
   *T4*T5
50:S1=K*T1^3/6:S2
   =(V2+V1)/2*T2:
   S3=V2*T1+2*S1
60:S4=V3*T4-K1^3*
   S1:S5=(V4+V5)/
   2*T5:S6=V5*T4-
   K/3*T4^3
70:S=S1+S2+S3+S4+
   S5+S6-H
80:IF ABS S<0.001
   GOTO 110
90:T1=T1-S/(K*T*(
   T/4-T1))
100:GOTO 30
110:PRINT "T1=";T1
120:PRINT "ap=";T1
   *K
130:PRINT "an=";T4
   *K
```

Erläuterungen zum Programm 10-2:

Zeile 10	sind die Eingaben.
Zeile 20	liefert einen ersten Schätzwert für t_1 – in diesem Falle $t_1 = T/20$. Dieser erste Wert hat sich recht gut bewährt. Ferner wird der des öfteren auftretende Wert $\kappa + 1$ durch die Konstante K9 ersetzt.
Zeile 30	liefert die Berechnung der Abschnittszeiten (Kap. 10).
Zeile 40	berechnet die Geschwindigkeiten entsprechend der Formeln von Kap. 10.
Zeile 50	enthält die Berechnung der Δs Abschnitte, wobei
Zeile 60	statt Δs nur s geschrieben ist.
Zeile 70	liefert den Vergleich von vorgegebenem Hub zur Summe der Einzelwege. $S = \Sigma\Delta s - H$. Wenn $S = 0$ oder entsprechend einer Genauigkeitsvorgabe klein genug ist, dann ist der Rechenvorgang beendet.
Zeile 80	Abfrage, ob S klein genug ist.
Zeile 90	Korrektur des Wertes t_1 entsprechend dem vorher errechneten Wert für S.
Zeile 100	nochmaliges Durchrechnen, bis S klein genug ist.
Zeilen 110	bis 130: Druckanweisung, Ausgabe von t_1, a_P und a_n.

Zahlenbeispiel:

Es sei gegeben: $\kappa = 1$; $K = 1800\ mm/s^3$, $H = 54\ mm$, $T = 1,2\ s$.

Ergebnis: $t_1 = 0{,}1\ s$, $a_P = a_n = 180\ mm/s^2$

10.3 Vergleich der maximalen Beschleunigung zwischen sinus- und trapezförmigen Beschleunigungsverlauf

Es soll die maximale Beschleunigung zwischen einem sinus- und einem trapezförmigem Beschleunigungsverlauf verglichen werden.

Dazu ist es notwendig, daß in beiden Fällen der Hub und die Hubzeit sowie der Anstiegswert K identisch sind. Das in 9.2 beschriebene Beispiel soll verwendet werden, bei diesem war gegeben:

Hub $H = 30\ mm$, Hubzeit $T = 0{,}028\ s$.

Zunächst muß der Anstiegswert K bestimmt werden, siehe 10.1.

Es ist $K = \dfrac{4 \cdot \pi^2 \cdot H}{T^3}$;

mit den Zahlenwerten wird $K = 5{,}3952 \cdot 10^7\ mm/s^3$.

Bei einer sinusförmigen Beschleunigung erhält man die maximale Beschleunigung zu:

$$a = \frac{2 \cdot \pi \cdot H}{T^2}.$$

Der Zahlenwert für a_{max} ist: $a_{max} = 240{,}428\ m/s^2$;

Sinusverlauf: $a_{max} = 240\ m/s^2$.

Die Rechnung für einen symmetrischen, trapezförmigen Beschleunigungsverlauf, der den Hub H = 30 mm bei einer Hubzeit von T = 0,028 s und einem Anstiegswert $k = 5{,}4 \cdot 10^7 \frac{mm}{s^3}$ erzeugt, liefert die folgenden Werte:

$t_1 = 0{,}00395$ s, und damit $\underline{a_{max} = 213{,}29\ m/s^2}$.

Das Ergebnis:

Bei gleichem Hub, gleicher Hubzeit und gleichem Beschleunigungsanstieg liefert der trapezförmige Beschleunigungsverlauf eine um 12,7 % niedrigere Maximalbeschleunigung als bei einem sinusförmigem Beschleunigungsverlauf.

Nun ist es durchaus möglich, den Anstiegswert K auf die Größe von $K \sim 10^5 \cdot \frac{L}{T}$ zu erhöhen. Es ist dann $K\ 3 \cdot 10^8\ mm/s^3$.

Rechnet man mit diesem K-Wert das obige Beispiel durch, erhält man für t_1 einen Wert von $t_1 = 5{,}3 \cdot 10^{-4}$ s, und für die maximale Beschleunigung $\underline{a_{max} = 159\ m/s^2}$. Damit liegt die maximale Beschleunigung bei einem Trapez-Verlauf um ca. 34 % niedriger als bei einem äquivalenten Sinus-Verlauf.

10.4 Beispiel für unsymmetrischen Beschleunigungsverlauf

Die Anpreßkraft zwischen Rolle und Kurvenscheibe (Rollkurve) hat in der Phase positiver Maximalbeschleunigung den größten Wert. Will man diese Kraft reduzieren, rechnet man mit einem κ-Wert, der größer ist als 1.

Wird z.B. $\kappa = 1{,}4$ gewählt, erhält man für das Beispiel mit den Werten H = 30 mm, T = 0,028 s als Ergebnis:

$t_1 = 4.55 \cdot 10^{-4}$ s
$a_p = 136\ m/s^2$ = Maximalwert der Positivbeschleunigung
$a_n = 191\ m/s^2$ = Maximalwert der Negativbeschleunigung.

Soll andererseits die die Negativbeschleunigung abfangende Federkraft gering gehalten werden, rechnet man mit einem κ-Wert kleiner als 1. Z.B. K = 0,6. Man erhält dann:

$t_1 = 7 \cdot 10^{-4}$ s
$a_p = 212\ m/s^2$
$a_n = 127\ m/s^2$.

Man hat so mit Hilfe des κ-Wertes die Möglichkeit, die Verhältnisse von positiver zu negativer Beschleunigung beliebig zu verschieben.

11 Rollenmittelpunktskurve

Es wird die Bestimmung der Mittelpunktskurve bei unsymmetrischem – oder symmetrischem – trapezförmigem Beschleunigungsverlauf durchgeführt.

In 9.2 wurde gezeigt, wie die Mittelpunktskurve für einen sinusförmigen Beschleunigungsverlauf bestimmt wird. Der jetzt zu behandelnde Fall ist im Prinzip ähnlich. Das Verfahren ist in 9.2 beschrieben.

Es wird zunächst die Geschwindigkeit bestimmt mit Hilfe der Formel:

$$v_2 = v_1 + \frac{a_1 + a_2}{2} \cdot \Delta t.$$

Die s_y-Werte erhält man aus:

$$s_2 = s_1 + \frac{v_1 + v_2}{2} \cdot \Delta t.$$

Da der trapezförmige Beschleunigungsverlauf nicht als geschlossene Funktion darstellbar ist, muß man abschnittweise vorgehen (Bild 10.1).

Im Bereich 0-1 gilt: $a = K \cdot t$;

im Bereich 1-2 ist a = Konstant. Es ist also $a_1 = a_2 = K \cdot t_1$ und damit wird $v_2 = v_1 + K \cdot t_1 \cdot \Delta t$.

Im Bereich 2-3-4 hat die Beschleunigung den Wert:

$$a = a_p - K \cdot t; \quad \text{also} \quad a_1 = a_p - K \cdot \Delta t.$$

Bereich 4-5: Hier ist a wiederum konstant.

Im Bereich 5-6 gilt: $a = a_n + K \cdot t$.

Die Verarbeitung der Formeln geht folgendermaßen vor sich:

Gegeben sind die Zahlenwerte für κ; K; H; T, sowie die in 10.2 berechneten Abschnittszeiten $t_1 \ldots t_6$.

Da man jedoch die Mittelpunktskurve aufzeichnen möchte, ist es zweckmäßig, die Werte für den Weg s (identisch mit s_y) als Funktion von x anzugeben.

Mit $v_x = \frac{\Delta x}{\Delta t}$ und $v_x = \frac{L}{T}$ erhält man: $\Delta t = \Delta x \cdot \frac{T}{L}$.

Der Wert für Δx sollte klein gewählt werden, z.B. $\Delta x = \frac{L}{200}$.

Für den Anfangszustand gilt:

$$x = 0; \quad a = 0; \quad v = 0; \quad s = 0.$$

Im nächsten Schritt geht man um ein Stückchen Δx weiter und erhält:

$$a_1 = a_0 + K \cdot \Delta x \cdot \frac{T}{L}; \quad v_1 = v_0 + \frac{a_0 + a_1}{2} \cdot \Delta x \cdot \frac{T}{L}; \quad s_1 = s_0 + \frac{v_0 + v_1}{2} \cdot \Delta x \cdot \frac{T}{L}$$

und weiter:

$$a_2 = a_1 + K \cdot \Delta x \cdot \frac{T}{L};\ v_2 = v_1 + \frac{a_1 + a_2}{2} \cdot \Delta x \cdot \frac{T}{L};\ s_2 = s_1 + \frac{v_1 + v_2}{2} \cdot \Delta x \cdot \frac{T}{L}$$

usw..

Diese Rechnung wird so lange fortgesetzt, bis $\Sigma\Delta t = t_1$ ist. Das heißt, bis der in 10.2 berechnete Wert für t_1 erreicht ist. Von da an ändert sich die Funktion für a in $a = a_p = \text{const}$. Es ist dann $a_2 = a_1 = a_p$ und $v_2 = v_1 + a_p \cdot \Delta x \cdot \frac{T}{L}$ und $s_2 = s_1 + \frac{v_1 + v_2}{2} \cdot \Delta x \cdot \frac{T}{L}$.

Eine optisch vielleicht anschaulichere Situation erhält man dadurch, daß anstelle der Zeiten Δt die Werte für das Wegstück Δx aufsummiert werden. Dazu ist es nötig, die Zeiten $t_{1;2;4;5}$ in entsprechenden Wegabschnitten darzustellen.

$$\frac{t_1}{T} = \frac{x_1}{L} \text{ liefert: } x_1 = t_1 \cdot \frac{L}{T};\quad x_2 = t_2 \cdot \frac{L}{T};\ \text{usw..}$$

Wenn also z.B. die Summe aller Δx größer als x_2, aber kleiner als x_3 ist, befindet man sich im Bereich 2-3, und es gilt hier:

$$a = a_p - k \cdot \Delta x \cdot \frac{T}{L}.$$

Ist schließlich $\Sigma\Delta x \geqslant L$, dann ist der Rechengang beendet. Für s muß dann der Wert $s = H$ erscheinen. Dies wird unter Umständen nicht mit der gewünschten Genauigkeit der Fall sein. Man kann dann durch eine Korrektur des Wertes für t_1, wobei sich entsprechend den Formeln von Kap. 10 auch die Zeiten t_2; t_4; t_5 ändern – siehe auch Programm 10-3 –, das Ergebnis von s beliebig nahe an den geforderten Hub bringen. Es gilt hierbei, daß eine Vergrößerung der Zeit t_1 auch eine Vergrößerung des Wertes von s mit sich bringt.

11.1 Programm zur Berechnung der Mittelpunktskurve bei trapezförmigem Beschleunigungsverlauf

In 10.2 wurde ein Programm dargestellt, welches unter anderem auch die Abschnittszeiten $t_{1;2;4;5}$ berechnet. Da diese Zeiten im folgenden Rechnungsgang benötigt werden, ist es praktisch, das nun zu behandelnde Programm als Anschluß an das Programm 10-2 zu betrachten. Es wird daher mit einer Zeilennummer 210 begonnen:

Zeile

210 Eingabe von Δx und Schlittenlänge L.

220 Für den Wert $\Delta x \cdot \frac{T}{L}$ wird die Abkürzung U verwendet.
Für den Wert $\frac{L}{T}$ wird die Abkürzung R verwendet.
Es werden die Strecken $x_{1;2;4;5}$ berechnet.

225 Die Anfangswerte werden Null gesetzt.

230 Jeder 50. Schritt soll als Ergebnis ausgedruckt werden. Das ist bei einem Δx-Wert von 0,1 mm also alle 5 mm fortlaufende x-Werte (x = 5; 10; 15; ... 85).

240 Bildung des x-Wertes.

250 Festlegen der Abschnittsgrenzen: Abschnitt 0-1.

251 Festlegen der Abschnittsgrenzen: Abschnitt 1-2.

252 Festlegen der Abschnittsgrenzen: Abschnitt 2-4.
253 Festlegen der Abschnittsgrenzen: Abschnitt 4-5.
254 Festlegen der Abschnittsgrenzen: Abschnitt 5-6.
255 Wenn x > L; Stop. Programmende
256 Bestimmung der Beschleunigung für den Abschnitt 1-2.
257 Bestimmung der Beschleunigung für den Abschnitt 4-5.
260 Bildung der Beschleunigung
270 Bildung der Geschwindigkeit.
280 Bildung des Weges.
290 Die berechneten Werte von a, v, s werden als neue Anfangswerte für die Gleichungen in den Zeilen 260; 270 und 280 gesetzt.
300 Schleife zu Zeile 230.
310 Nach 50maligem Durchlauf wird x ausgedruckt.
320 Spezielle Druckerinformation für den SHARP-Rechner.
330 Es wird s ausgedruckt.
340 Zurück zu Zeile 230; Beginn der nächsten 50 Berechnungen.

Programm 11-1 Programm zur Berechnung der Mittelpunktskurve bei trapezförmigem Beschleunigungsverlauf. Dieses Programm ist die Fortsetzung des Programmes von 10-2.

```
210:INPUT "Delta x
    =";DX,"L=";L
220:U=DX*T/L:R=L/T
    :X1=T1*R:X2=X1
    +T2*R:X4=X2+X1
    +T4*R:X5=X4+T5
    *R
225:A0=0:V0=0:S0=0
    :X=0
230:FOR I=1TO 50
240:X=X+DX
250:IF X<=X1LET K2
    =K:GOTO 260
251:IF X<=X2GOTO 2
    56
252:IF X<=X4LET K2
    =-K:GOTO 260
253:IF X<=X5GOTO 2
    57
254:IF X<=LLET K2=
    K:GOTO 260
255:IF X>L+5STOP
256:A1=K*T1:A0=A1:
    GOTO 270
257:A1=-K*T1:A0=A1
    :GOTO 270
260:A1=A0+K2*U
270:V1=V0+(A1+A0)/
    2*U
280:S1=S0+(V1+V0)/
    2*U
290:A0=A1:V0=V1:S0
    =S1
300:NEXT I
310:USING "###":
    LPRINT "x=";X
320:LF -1
330:USING "###.###
    ":LPRINT "
         s=";S1
340:GOTO 230
```

Programm 11-1a Ein an den Abschnittsgrenzen etwas geändertes Programm ist das folgende. Es liefert mit den ungeänderten Ergebniswerten des Programmes 10-2 die Tabellenwerte Tab. 7.

```
210:INPUT "Delta x
    =";DX,"L=";L
220:R=L/T:X1=T1*R:
    X2=X1+T2*R:X4=
    X2+X1+T4*R:X5=
    X4+T5*R:U=DX/R
225:A0=0:V0=0:S0=0
    :X=0
230:FOR I=1TO 50
240:X=X+DX
250:IF X-DX/2<=X1
    LET K2=K:GOTO
    260
251:IF X-DX/2<X2
    GOTO 256
252:IF X-DX/2<=X4
    LET K2=-K:GOTO
    260
253:IF X-DX/2<=X5
    GOTO 257
254:IF X<=LLET K2=
    K:GOTO 260
255:IF X>LSTOP
256:A1=K*T1:A0=A1:
    GOTO 270
257:A1=-K*T1:A0=A1
    :GOTO 270
260:A1=A0+K2*U
270:V1=V0+(A1+A0)/
    2*U
280:S1=S0+(V1+V0)/
    2*U
290:A0=A1:V0=V1:S0
    =S1
300:NEXT I
310:USING "###.#":
    LPRINT "x=";X
320:LF -1
330:USING "###.###
    ":LPRINT "
          s=";S1
340:GOTO 230
```

Tabelle 6 gibt die Zahlenwerte von x und s der Mittelpunktskurve bei trapezförmigem Beschleunigungsverlauf an. Die Eingabewerte sind hierbei:
$\kappa = 1$; $K = 3 \cdot 10^8$ mm/s^3; H = 30 mm
T = 0,028 s; $\Delta x = 0,1$ mm; L = 86 mm
$t_1 = 5{,}32 \cdot 10^{-4}$ s.

x=	5	s=	0.149
x=	10	s=	0.715
x=	15	s=	1.703
x=	20	s=	3.114
x=	25	s=	4.949
x=	30	s=	7.206
x=	35	s=	9.886
x=	40	s=	12.989
x=	45	s=	16.428
x=	50	s=	19.604
x=	55	s=	22.358
x=	60	s=	24.688
x=	65	s=	26.596
x=	70	s=	28.080
x=	75	s=	29.142
x=	80	s=	29.781
x=	85	s=	29.997

Tabelle 7 gibt die Zahlenwerte von x und s der Mittelpunktskurve bei trapezförmigem Beschleunigungsverlauf an. Die Eingabewerte sind hierbei:
$\kappa = 1$; K = 3 · 10 mm/s; H = 30 mm;
T = 0,028 s; x = 0,1 mm; L = 86 mm;
$t_1 = 0{,}0005302903485$ s

x=	5.0	s=	0.149
x=	10.0	s=	0.713
x=	15.0	s=	1.698
x=	20.0	s=	3.105
x=	25.0	s=	4.934
x=	30.0	s=	7.184
x=	35.0	s=	9.855
x=	40.0	s=	12.949
x=	45.0	s=	16.383
x=	50.0	s=	19.566
x=	55.0	s=	22.326
x=	60.0	s=	24.666
x=	65.0	s=	26.583
x=	70.0	s=	28.079
x=	75.0	s=	29.154
x=	80.0	s=	29.806
x=	85.0	s=	30.038

12 Einfluß der Stößelrolle

Wie in 8.3 bereits beschrieben, bewegt sich der Rollenmittelpunkt eines Rollenstößels, und damit der Stößel selber, nach einer anderen Weg-Zeit-Funktion als es der Rollkurve entspricht (Bild 8-4). Es muß also die Rollkurve so korrigiert werden, daß die Mittelpunktskurve die gewünschte Form erhält. In Bild 12-1 besitzt der Rollenmittelpunkt die Koordinaten x/s_y, während der Berührungspunkt A zwischen Rolle und Rollkurve die Koordinaten ξ/η hat. Da im Berührungspunkt der Steigungswinkel β von Rollkurve und Mittelpunktskurve gleich ist, kann man die Koordinaten ξ und η ausrechnen. Es ist:

$$\xi = x + r \cdot \sin\beta; \quad \eta = s_y + r(1 - \cos\beta).$$

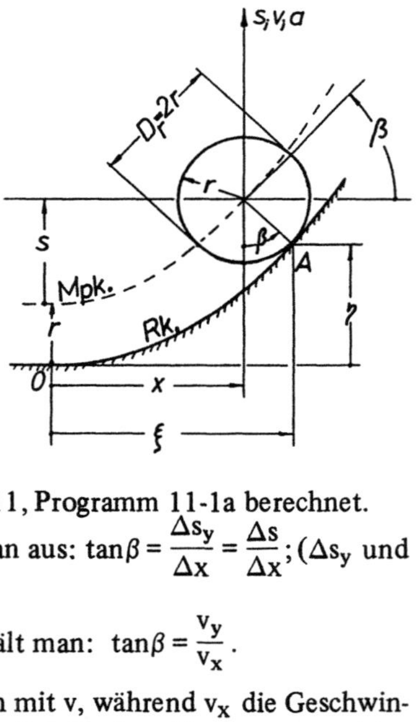

Bild 12.1

Die Werte für s_y in Abhängigkeit von x sind im Kapitel 11, Programm 11-1a berechnet. Den Steigungswinkel β der Mittelpunktskurve erhält man aus: $\tan\beta = \frac{\Delta s_y}{\Delta x} = \frac{\Delta s}{\Delta x}$; ($\Delta s_y$ und Δs sind identisch).

Nun ist: $\frac{\Delta s}{\Delta x} = \frac{\Delta s}{\Delta t} \cdot \frac{\Delta t}{\Delta x}$; mit $\frac{\Delta s}{\Delta t} = v_y$ und $\frac{\Delta t}{\Delta x} = \frac{1}{v_x}$ erhält man: $\tan\beta = \frac{v_y}{v_x}$.

Hierbei stellt v_y die Stößelgeschwindigkeit dar, identisch mit v, während v_x die Geschwindigkeit des Kurvenschlittens, oder die Umfangsgeschwindigkeit einer Kurventrommel ist. Das Programm 11-1, oder 11-1a liefert unter anderem bereits die Stößelgeschwindigkeit v, so daß die Bildung des Steigungswinkel β auf einfache Weise durchgeführt werden kann:

$$\beta = \arctan\left(\frac{v}{v_x}\right).$$

12.1 Senkrecht geführte Stößelrolle

Bei der Anordnung von Kurvenschlitten mit Rollenstößel nach Bild 8-2 sind die Bewegungsrichtungen von Stößel und Schlitten senkrecht zueinander.

Im folgenden sind alle zur Berechnung eines derartigen Getriebes benötigten Formeln zusammengefaßt, anschließend ist ein Gesamtprogramm dargestellt. Dabei wird davon ausgegangen, daß der Hub H und die für den Hub zur Verfügung stehende Hubzeit T sowie der maximale Steigungswinkel der Mittelpunktskurve und der Durchmesser der Rolle Dr vorgegebene Größen sind. Ferner müssen die für den gewünschten Beschleunigungsverlauf notwendigen Größen $\kappa = \frac{a_n}{a_p}$ und der Anstiegswert K vorgegeben werden. Gesucht sind die Koordinaten ξ/η der Rollkurve, die Stößelbeschleunigung a und der Steigungswinkel β bei verschiedenen Werten vom Wege x.

Gegeben: $H; T; \beta_{max}; Dr; K; \kappa$

Gesucht: $x/s; \xi/\eta; \beta = \beta(x); a = a(x)$

Formeln

1. Zur Berechnung der Abschnitte des Beschleunigungsverlaufes:

$$t_2 = \frac{\kappa}{\kappa+1} \cdot T - t_1(\kappa+1); \quad t_3 = t_1; \quad t_4 = t_6 = \kappa \cdot t_1$$

$$t_5 = \frac{T}{\kappa+1} - t_1(\kappa+1)$$

$$v_1 = K \cdot \frac{t_1^2}{2} \qquad s_1 = K \cdot \frac{t_1^3}{6}$$

$$v_2 = v_1 + K \cdot t_1 \cdot t_2 \qquad \Delta s_{21} = \frac{v_1 + v_2}{2} \cdot t_2$$

$$v_3 = v_2 + v_1 \qquad \Delta s_{32} = v_2 \cdot t_1 + 2 \cdot s_1$$

$$v_4 = v_3 - \kappa^2 \cdot v_1 \qquad \Delta s_{43} = v_3 \cdot t_4 - \kappa^3 \cdot s_1$$

$$v_5 = v_4 - K \cdot t_4 \cdot t_5 \qquad \Delta s_{54} = \frac{v_4 + v_5}{2} \cdot t_5$$

$$v_6 = 0 \qquad \Delta s_{65} = v_5 \cdot t_4 - K \cdot \frac{t_4^3}{3}.$$

Mittels Iterationsrechnung wird t_1 bestimmt.

2. Zur Berechnung der gesuchten Größen:

$$L \sim \frac{2 \cdot H}{\tan\beta_{max}}; \quad v_x = \frac{L}{T}; \quad \Delta t = \frac{\Delta x}{v_x}$$

$$a_1 = a_0 = \frac{K}{v_x} \cdot \Delta x; \quad v_1 = v_0 + \frac{a_0 + a_1}{2} \cdot \frac{\Delta x}{v_x}; \quad s_1 = s_0 + \frac{v_0 + v_1}{2} \cdot \frac{\Delta x}{v_x}$$

$$\beta = \arctan \frac{v_1}{v_x}; \quad \xi = x + r \cdot \sin\beta; \quad \eta = s_1 + r(1 - \cos\beta).$$

Programm 12-1 zur Berechnung der oben beschriebenen Getriebegrößen beschränkt sich im wesentlichen auf den rechnerischen Teil. Die textliche Ausschmückung möge der Anwender nach eigenem Gutdünken vornehmen.

```
 10:LPRINT "Alle W
    erte in mm, s
    und Grad einge
    ben:":INPUT "H
    =";H,"T=";T,"B
    eta=";B,"Dr=";
    DR
 11:INPUT "K=";K,"
    Kapa=";K1
 20:T1=T/20:K9=K1+
    1
 30:T2=K1/K9*T-T1*
    K9:T4=K1*T1:T5
    =T/K9-T1*K9
 40:V1=K/2*T1^2:V2
    =V1+K*T1*T2:V3
    =V2+V1:V4=V3-K
    1^2*V1:V5=V4-K
    *T4*T5
 50:S1=K*T1^3/6:S2
    =(V2+V1)/2*T2:
    S3=V2*T1+2*S1
 60:S4=V3*T4-K1^3*
    S1:S5=(V4+V5)/
    2*T5:S6=V5*T4-
    K/3*T4^3
 70:S=S1+S2+S3+S4+
    S5+S6-H
 80:IF ABS S<0.000
    01GOTO 110
 90:T1=T1-S/(K*T*(
    T/4-T1))
100:GOTO 30
110:L=INT (2*H/TAN
    B):PRINT "L=";
    L;"mm"
120:INPUT "DX=";DX
    ,"J=";J,"L=";L
130:LPRINT "Eingeg
    eben:"
135:LPRINT "H=";H;
    "mm";"   T=";T;
    "s"
136:LPRINT "Beta="
    ;B;" Grad"
137:LPRINT "Dr=";D
    R;" mm"
138:LPRINT "K=";K;
    "mm/s^3"
139:LPRINT "Kapa="
    ;K1
140:LPRINT "L=";L;
    "mm";"   J=";J
141:LPRINT "Delta
    x=";DX;" mm"
142:LPRINT
143:LPRINT "Ergebn
    isse:"
144:LPRINT "ap=";
    INT (T1*K/1000
    );" m/s^2"
145:LPRINT "an=";
    INT (T4*K/1000
    );" m/s^2
156:LPRINT
160:UX=L/T:X1=T1*U
    X:X2=X1+T2*UX:
    X4=X2+X1+T4*UX
    :X5=X4+T5*UX:U
    =DX/UX
170:A0=0:V0=0:S0=0
    :X=0
180:FOR I=1TO J
190:X=X+DX
200:IF X-DX/2<=X1
    LET K2=K:GOTO
    210
201:IF X-DX/2<X2
    GOTO 206
202:IF X-DX/2<=X4
    LET K2=-K:GOTO
    210
203:IF X-DX/2<=X5
    GOTO 207
204:IF X<=LLET K2=
    K:GOTO 210
205:IF X>LSTOP
206:A1=K*T1:A0=A1:
    GOTO 220
207:A1=-K*T4:A0=A1
    :GOTO 220
210:A1=A0+K2*U
220:V1=V0+(A1+A0)/
    2*U
230:S1=S0+(V1+V0)/
    2*U
240:A0=A1:V0=V1:S0
    =S1
250:NEXT I
260:B=ATN (V1/UX):
    XI=X+DR/2*SIN
    B:E=S1+DR/2*(1
    -COS B)
265:USING "###.#"
270:LPRINT "x=";X
271:LF -1:USING "#
    ##.###"


272:LPRINT "
        s=";S1
280:LPRINT "Xi=";X
    I;" mm"
290:LPRINT "Eta=";
    E;" mm"
300:LPRINT "Beta="
    ;B;" Grad":
    USING
310:LPRINT "a=";
    INT (A1/1000);
    " m/s^2"
320:LPRINT
330:GOTO 180
```

Beispiel: Zahlenwerte-Ausdruck des Programmes 12-1

```
Alle Werte in mm,
s und Grad eingebe
n:
Eingegeben:
H= 30mm   T= 0.028s
Beta= 35 Grad
Dr= 20 mm
K= 300000000mm/s^3
Kapa= 1
L= 85mm    J= 50
Delta x= 0.1 mm

Ergebnisse:
ap= 159 m/s^2
an= 159 m/s^2

x=  5.0   s=  0.153
Xi=  5.722 mm
Eta=  0.179 mm
Beta=  4.142 Grad
a= 159 m/s^2

x= 10.0   s=  0.731
Xi= 11.567 mm
Eta=  0.855 mm
Beta=  9.019 Grad
a= 159 m/s^2

x= 15.0   s=  1.741
Xi= 17.380 mm
Eta=  2.028 mm
Beta= 13.768 Grad
a= 159 m/s^2

x= 20.0   s=  3.182
Xi= 23.145 mm
Eta=  3.689 mm
Beta= 18.333 Grad
a= 159 m/s^2

x= 25.0   s=  5.054
Xi= 28.854 mm
Eta=  5.827 mm
Beta= 22.669 Grad
a= 159 m/s^2

x= 30.0   s=  7.358
Xi= 34.500 mm
Eta=  8.428 mm
Beta= 26.747 Grad
a= 159 m/s^2

x= 35.0   s= 10.094
Xi= 40.083 mm
Eta= 11.483 mm
Beta= 30.553 Grad
a= 159 m/s^2

x= 40.0   s= 13.261
Xi= 45.603 mm
Eta= 14.979 mm
Beta= 34.083 Grad
a= 159 m/s^2

x= 45.0   s= 16.738
Xi= 50.605 mm
Eta= 18.457 mm
Beta= 34.096 Grad
a=-160 m/s^2

x= 50.0   s= 19.907
Xi= 55.085 mm
Eta= 21.297 mm
Beta= 30.567 Grad
a=-160 m/s^2

x= 55.0   s= 22.645
Xi= 59.503 mm
Eta= 23.716 mm
Beta= 26.763 Grad
a=-160 m/s^2

x= 60.0   s= 24.951
Xi= 63.856 mm
Eta= 25.724 mm
Beta= 22.685 Grad
a=-160 m/s^2

x= 65.0   s= 26.825
Xi= 68.148 mm
Eta= 27.333 mm
Beta= 18.350 Grad
a=-160 m/s^2

x= 70.0   s= 28.268
Xi= 72.383 mm
Eta= 28.556 mm
Beta= 13.787 Grad
a=-160 m/s^2

x= 75.0   s= 29.279
Xi= 76.570 mm
Eta= 29.403 mm
Beta=  9.038 Grad
a=-160 m/s^2

x= 80.0   s= 29.858
Xi= 80.725 mm
Eta= 29.885 mm
Beta=  4.161 Grad
a=-160 m/s^2

x= 85.0   s= 30.014
Xi= 85.001 mm
Eta= 30.014 mm
Beta=  0.009 Grad
a=-1 m/s^2
```

Beschreibung des Programms

Zeile:

10 bis 100 ist identisch mit dem Programm von 10.2.

110 es wird der ganzzahlige Wert für L angezeigt. Daraufhin wählt man die Schrittweite Δx = DX, und gibt sie

120 ein. Im Zahlenbeispiel ist L = 85 mm, und es wird Δx = 0,1 mm eingegeben. J ist die Schrittzahl, nach deren Ablauf die jeweiligen Ergebnisse ausgedruckt werden. Im Beispiel ist J = 50. Dies bedeutet, daß nach jeweils $J \cdot \Delta x$, also nach jeweils 5 mm steigender x-Werte, ein Ausdruck erfolgt. Sollte die Schlittenlänge einen ungünstigen Wert haben, so gibt man den nächstgelegenen günstigeren Wert für L ein.

130 Es werden die eingegebenen Werte bestätigt.

142 ist eine Leerzeile.

160 bis 250 ist identisch mit dem Programm 11-1a.

12.2 Schräggeführter Stößel

Die von einer Rollkurve auf einen Rollenstößel übertragene Kraft steht immer senkrecht zur Bahntangente, und ist somit um den Winkel β gegenüber der Senkrechten geneigt. Um die den Stößel auf Biegung belastende Kraftkomponente klein zu halten, kann die Bewegungsrichtung des Stößels geneigt werden.

Im Bild 12-2 sind:

s und H die wirklichen Hubwege des um den Winkel α schräglaufenden Stößels.

s_1 und H_1 sind die senkrecht zur Schlittenbewegung liegenden Wege.

x_1 und s_1 stellen die Koordinaten der Mittelpunktskurve dar.

Der Steigungswinkel β ist gemessen zwischen der Tangente an die MpK. und der x-Richtung.

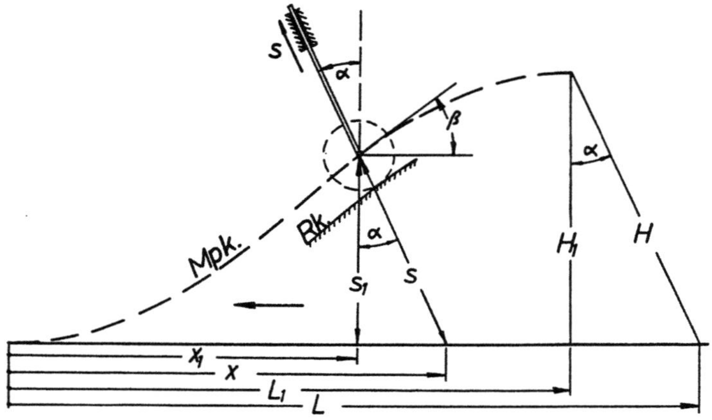

Bild 12.2

Am Beispiel einer sinusförmigen Hubbewegung soll dargestellt werden, wie man die Koordinaten x_1/s_1 der Mittelpunktskurve erhält. Es sei gefordert der Hub H innerhalb einer Hubzeit T. Hierbei soll der maximale Steigungswinkel β_{max} nicht überschritten werden. Der Stößel sei um den Winkel α geneigt.

Die Sinusbewegung liefert:

$$s = \frac{H}{L} \cdot x - \frac{H}{2 \cdot \pi} \cdot \sin\left(\frac{2 \cdot \pi \cdot x}{L}\right) \tag{1}$$

Den Steigungswinkel β erhält man aus:

$$\tan\beta = \frac{ds_1}{dx_1} = \frac{ds_1}{dx} \cdot \frac{dx}{dx_1}$$

Als Ergebnis der Differentiation erhält man:

$$\tan\beta = \frac{\cos\alpha \cdot \left(1 - \cos\left(\frac{2 \cdot \pi \cdot x}{L}\right)\right)}{\frac{L}{H} - \sin\alpha \cdot \left(1 - \cos\frac{2\pi x}{L}\right)}; \tag{2}$$

Mit

$$x = \frac{L}{2} \text{ wird: } \tan\beta_{max} = \frac{2 \cdot \cos\alpha}{\frac{L}{H} - 2 \cdot \sin\alpha} \quad \text{und} \quad L = 2 \cdot H\left(\frac{\cos\alpha}{\tan\beta_{max}} + \sin\alpha\right) \tag{3}$$

Die Schlittengeschwindigkeit erhält man mit $v_x = \frac{L}{T}$.

Aus Bild 12-2 lassen sich ferner die folgenden Beziehungen ablesen:

$$L_1 = L - H \cdot \sin\alpha; \quad x_1 = x - s \cdot \sin\alpha; \quad s_1 = s \cdot \cos\alpha \tag{4}$$

Für die Bestimmung der Mittelpunktskurve ergibt sich somit folgender Rechnungsgang:

a) Gegeben: H; T; β_{max}; α Gesucht: $s_1 = s_1(x_1)$ und $\measuredangle\beta$
b) Formel (3) liefert L.
c) Aus Formel (1) erhält man s in Abhängigkeit von x.
d) Die Beziehungen (4) liefern x_1 und s_1.
e) Mittels Formel (2) wird der Steigungswinkel β gefunden.

Anm.: Anstelle von $\left(\frac{2 \cdot \pi \cdot x}{L}\right)$ kann im Deg. Mod. mit $\left(\frac{360 \cdot x}{L}\right)$ gerechnet werden.

Zur Bestimmung der Rollkurve geht man wie in 12.1 beschrieben vor, wobei dann mit dem Radius r der Rolle gilt:

$$\xi = x_1 + r \cdot \sin\beta \quad \text{und} \quad \eta = s_1 + r(1 - \cos\beta).$$

13 Kurvenschreiben

Die wohl am meisten verbreitete Form von Kurvengetrieben sind diejenigen, bei denen die Hubbewegung eines Stößels (oder sonst irgend eines Werkzeuges) mittels einer Kurvenscheibe gesteuert wird.

Die Form der Kurvenscheibe muß die folgenden Bedingungen erfüllen:

1. Taktzeiten für Heben-Halten-Senken-Halten
2. Hubwege
3. Maximale Steigungswinkel
4. Stößelbeschleunigung ohne Sprung und möglichst gering.

13.1 Taktzeiten und Hub

Im Bild 13-1 ist ein Arbeitszyklus schematisch dargestellt. Während der Zeitdauer D_1 in [s] ist der Stößel in Ruhestellung. Im Zeitabschnitt D_2 wird der Stößel um den Hub H angehoben und verbleibt während D_3 in dieser Hubstellung. Das Absenken in die Ausgangsstellung erfolgt während der Zeit D_4. Die Zykluszeit T_Z entspricht einer vollen Umdrehung der Kurvenscheibe, deren Aufteilung im Bild 13-2 skizziert ist. Die Winkel $\gamma_{1;2;3;4}$ entsprechen den Zeiten $D_{1;2;3;4}$ und sind über die Winkelgeschwindigkeit ω miteinander verknüpft:

$$\gamma_1 = D_1 \cdot \omega; \quad \gamma_2 = D_2 \cdot \omega \quad \text{usw.}$$

$$\text{oder: } \gamma_1^0 = D_1 \cdot \omega \cdot \frac{180}{\pi} \quad \text{usw..}$$

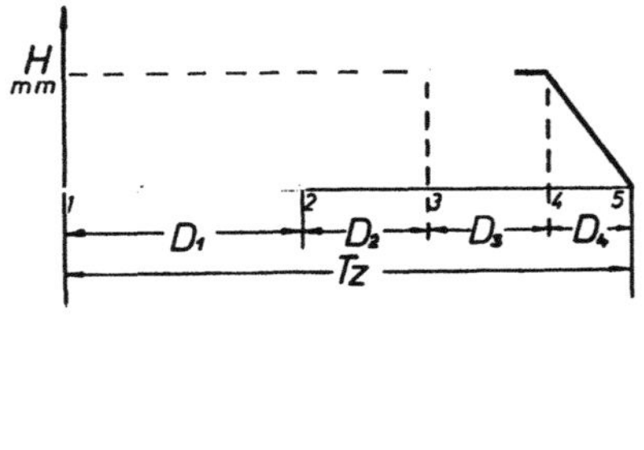

Bild 13.1

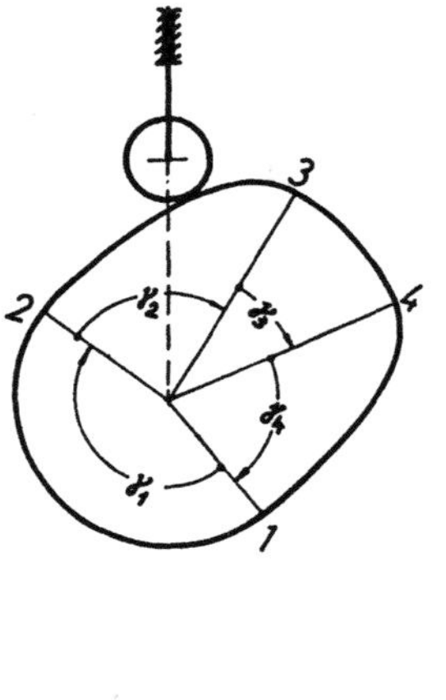

Bild 13.2

13.2 Steigungswinkel

Die Steigung β ist einerseits notwendig, um den Stößel anzuheben. Andererseits entsteht durch sie eine den Stößel auf Biegung belastende Kraftkomponente. Es muß daher ein maximaler Steigungswinkel, der nicht überschritten werden darf, vorgegeben werden.

Der Zusammenhang zwischen maximalem Steigungswinkel β_{max} und Grundkreisradius R_0 besteht darin, daß bei größer werdendem R_0 die maximale Steigung geringer wird, Bild 13-4. Analog zum Kurvenschlitten erhält man;

$$\tan\beta_{max} \sim \frac{2 \cdot H}{L}; \text{ mit } L \sim \widehat{\gamma}_2 \cdot \left(R_0 + \frac{H}{2}\right) \text{ wird } R_0 \sim \frac{2 \cdot H}{\widehat{\gamma}_2 \cdot \tan\beta_{max}} - \frac{H}{2}.$$

Für eine beliebige Steigung φ der Kurvenscheibe ist:

$$\tan\beta = \frac{\Delta s}{\widehat{\Delta\varphi}(R_0 + s)}; \quad \text{wobei} \quad \widehat{\Delta\varphi} \cdot (R_0 + s) \triangleq \Delta x$$

$$\text{oder:} \quad \tan\beta = \frac{\Delta s}{\Delta t} \cdot \frac{\Delta t}{\widehat{\Delta\varphi}} \cdot \frac{1}{R_0 + s}$$

$$\text{mit } \frac{\widehat{\Delta\varphi}}{\Delta t} = \omega \text{ und } \frac{\Delta s}{\Delta t} = v \text{ wird: } \tan\beta = \frac{v}{\omega} \cdot \frac{1}{R_0 + s}.$$

13.3 Stößelbeschleunigung, -geschwindigkeit und -weg

Es wird hier, wie auch beim Kurvenschlitten bereits beschrieben, mit einem trapezförmigen Beschleunigungsverlauf des Stößels gearbeitet. Siehe Kapitel 10. Auf die Drehbewegung der Kurvenscheibe umgesetzt, erhält man mit

$$\omega = \frac{\widehat{\Delta\varphi}}{\Delta t}; \quad \Delta t = \frac{\widehat{\Delta\varphi}}{\omega} = \frac{\Delta\varphi^{\circ}}{\omega} \cdot \frac{\pi}{180}$$

für Beschleunigung a, Geschwindigkeit v und Weg s des Stößels gelten die folgenden Ausdrücke:

$$a_1 = a_0 + K \cdot \Delta t; \quad a_1 = a_0 + \frac{K \cdot \pi \cdot \Delta\varphi^0}{180 \cdot \omega}$$

$$v_1 = v_0 + \frac{a_1 + a_0}{2} \cdot \Delta t; \quad v_1 = v_0 + \frac{(a_1 + a_0) \cdot \pi \cdot \Delta\varphi^0}{2 \cdot 180 \cdot \omega}$$

$$s_1 = s_0 + \frac{v_1 + v_0}{2} \cdot \Delta t; \quad s_1 = s_0 + \frac{(v_1 + v_0) \cdot \pi \cdot \Delta\varphi^0}{2 \cdot 180 \cdot \omega}.$$

13.4 Einfluß der Stößelrolle

Die Polarkoordinaten des Berührpunktes B zwischen Rolle und Kurvenscheibe sind durch den Radius R und den Winkel ψ gegeben. Im Bild 13-4 bedeuten ferner:

H = Stößelhub

β = Steigungswinkel

R_0 = Radius des Grundkreises

s = momentaner Stößelhub bei der Kurvenscheibenstellung φ
φ = momentane Kurvenscheibenstellung
γ_2 = Winkel zwischen Hubbeginn und Hubende
M = Mittelpunkt der Kurvenscheibe, gleichzeitig Drehpunkt
r = Radius der Rolle
R; ϵ = Korrekturwerte für die Bestimmung der Rollkurve
ω = Winkelgeschwindigkeit der Kurvenscheibe
B = Berührpunkt zwischen Rolle und Kurvenscheibe
A = Anfangspunkt der Hubbewegung.

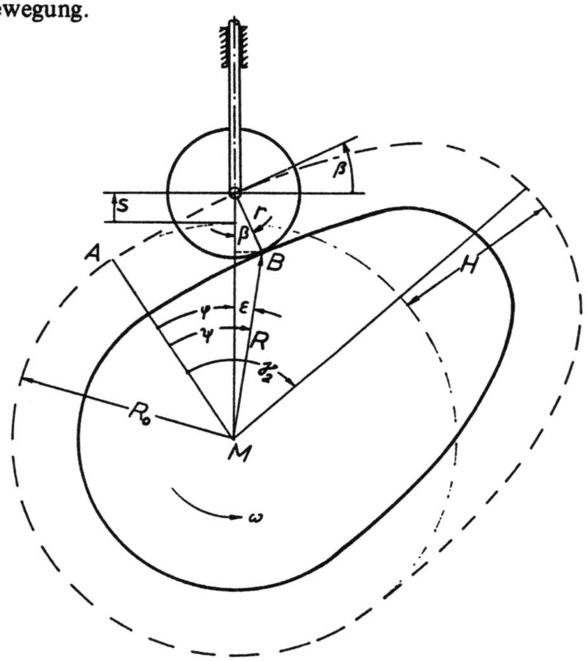

Bild 13.4

Mit Hilfe der Polarkoordinaten R/ψ ist es möglich, eine Kurvenscheibe so zu bauen, daß der Stößel die gewünschten kinematischen Größen (Hub und Beschleunigung) erhält. Radius R und Winkel ψ errechnen sich aus:

$$\tan\epsilon = \frac{r \cdot \sin\beta}{R_0 + s - r \cdot \cos\beta}; \quad R = \sqrt{(r \cdot \sin\beta)^2 + (R_0 + s - r \cdot \cos\beta)^2}; \quad \psi = \epsilon + \varphi.$$

13.5 Programm zur Berechnung einer Kurvenscheibe

Das nachfolgend aufgelistete Programm berechnet den im Bild 13-4 dargestellten Sektor γ_2, innerhalb dessen der Rollenstößel um den Hub bewegt wird.

Die für die Berechnung benötigten Eingabewerte sind:

H = Hub in mm.

ω = Winkelgeschwindigkeit $\omega = \frac{\pi : n}{30}$ in 1/s, wobei n die minutliche Drehzahl der Kurvenscheibe ist.

K	= Anstiegswert der Beschleunigung, K in mm/s^3
κ	= Verhältniswert von positiver zu negativer Beschleunigung
β_{max}	= maximaler Steigungswinkel.
γ_2	= Winkel, innerhalb dessen der Stößelhub erfolgt.
φ	= variabler Winkel im Bereich γ_2.
$\Delta\varphi$	= Winkelsprung zur nächsten Berechnung.
J	= Anzahl der Winkelsprünge bis zum nächsten Ergebnisausdruck.
Dr	= Durchmesser der Stößelrolle in mm.

Sämtliche Winkel werden sowohl in der Eingabe als auch im Rechenvorgang und der Ausgabe im Gradmaß verwendet.

Programm 13-5

Zuordnung zwischen Formelzeichen und Variablen

H → H	γ_2 → G2	ϵ → EP	t_1 → T1
ω → W	J → J	R → R	t_2 → T2
K → K	D_r → DR	ψ → PS	usw.
κ → K1	$\Delta\varphi^0$ → DP	a → A	φ → P
$\kappa + 1$ → K9	Δt → DT	v → V	φ_1 → P1
β_{max} → B1	$\frac{\pi}{\omega \cdot 180}$ → U1	s → S	usw.
R_0 → Rϕ	β → B		

In den einzelnen Zeilen werden folgende Rechnungen abgearbeitet:

Zeile

27	Berechnung von U1; T; t_1; K9; Δt; Ro
30 : 100	Berechnung der Abschnittszeiten des Beschleunigungsverlaufes. Siehe auch 10.2 (Programm 10-2).
110	Die den Abschnittszeiten t entsprechenden Winkel φ werden berechnet.
120 : 200	Fortlaufende Berechnung von Beschleunigung a, Geschwindigkeit v und Weg s für steigende Winkelwerte von φ.
210	Steigung β wird berechnet.
220	Berechnung der Polarkoordinaten
230	R und ψ der Kurvenscheibe.
240 .	Ausdruck der Werte φ; s; ψ; R; β
250	es können bei Bedarf noch v; a; Ro usw. abgefragt werden.

Programm 13-5 Berechnung einer Kurvenscheibe.

```
12:INPUT "H=";H,"
   w=";W,"K=";K,"
   Kapa=";K1,"Bet
   a=";B1,"Gama2=
   ";G2,"Delta Ph
   i=";DP
13:INPUT "J=";J,"
   Dr=";DR
15:LPRINT "Eingeg
   ebene Werte:"
16:LPRINT "H=";H;
   "mm";"       w=
   ";W;"1/s"
17:LPRINT "K=";K
18:LPRINT "Kapa="
   ;K1;"        J=
   ";J
19:LPRINT "Beta="
   ;B1
20:LPRINT "Gama2=
   ";G2
21:LPRINT "Delta
   Phi=";DP
22:LPRINT "0 Roll
   e=";DR
23:LPRINT
25:LPRINT "Ergrbn
   isse :"
27:U1=π/180/W:T=G
   2*U1:T1=T/20:K
   9=K1+1:DT=DP*U
   1:R0=2*H*180/π
   /G2/TAN B1-H/2
30:T2=K1/K9*T-T1*
   K9:T4=K1*T1:T5
   =T/K9-T1*K9
40:V1=K/2*T1^2:V2
   =V1+K*T1*T2:V3
   =V2+V1:V4=V3-K
   1^2*V1:V5=V4-K
   *T4*T5
50:S1=K*T1^3/6:S2
   =(V2+V1)/2*T2:
   S3=V2*T1+2*S1
60:S4=V3*T4-K1^3*
   S1:S5=(V4+V5)/
   2*T5:S6=V5*T4-
   K/3*T4^3
70:S=S1+S2+S3+S4+
   S5+S6-H
80:IF ABS S<0.000
   01GOTO 110
90:T1=T1-S/(K*T*(
   T/4-T1))
100:GOTO 30
110:P1=T1/U1:P2=T2
    /U1+P1:P4=P2+P
    1+T4/U1:P5=P4+
    T5/U1
120:A0=0:V0=0:S0=0
    :P=0
130:FOR I=1TO J
140:P=P+DP
150:IF P-DP/2<=P1
    LET K2=K:GOTO
    160
151:IF P-DP/2<=P2
    GOTO 156
152:IF P-DP/2<=P4
    LET K2=-K:GOTO
    160
153:IF P-DP/2<=P5
    GOTO 157
154:IF P<G2LET K2=
    K:GOTO 160
155:IF P>G2STOP
156:A1=K*T1:A0=A1:
    GOTO 170
157:A1=-K*T4:A0=A1
    :GOTO 170
160:A1=A0+K2*DT
170:V1=V0+(A1+A0)/
    2*DT
180:S1=S0+(V1+V0)/
    2*DT
190:A0=A1:V0=V1:S0
    =S1
200:NEXT I
210:B=ATN (V1/W/(R
    0+S1))
220:Z1=DR/2*SIN B:
    Z2=R0+S1-DR/2*
    COS B
230:EP=ATN (Z1/Z2)
    :R=√(Z1^2+Z2^2
    ):PS=P+EP
240:LPRINT "Phi=";
    P
242:USING "###.###
    ":LPRINT "s=";
    S1;" mm Hub"
243:USING "####.##
    ":LPRINT "Psi=
    ";PS;" Grad"
244:LPRINT "R=";R;
    " mm"
245:LPRINT "Beta="
    ;B
246:LPRINT
250:GOTO 130
```


```
27:U1=π/180/W:T=G
   2*U1:T1=T/20:K
   9=K1+1:DT=DP*U
   1:R0=2*H*180/π
   /G2/TAN B1-H/2
```

Beispielhafter Ausdruck, den das Programm 13-5 „Berechnung einer Kurvenscheibe“ liefert.

```
Eingegebene Werte:
H= 30mm   Kapa= 1
K= 300000000
w= 71.7 1/s; J= 40
Beta= 35
Gama2= 115
Delta Phi= 0.25
0 Rolle= 20

Ergrbnisse :
Phi=  10 Grad
s=  0.376 mm
Psi=  15.30 Grad
R=  18.29 mm
Beta=  9.7 Grad

Phi=  20 Grad
s=  1.688 mm
Psi=  29.35 Grad
R=  20.20 mm
Beta= 19.1 Grad

Phi=  30 Grad
s=  3.943 mm
Psi=  41.05 Grad
R=  23.09 mm
Beta= 26.2 Grad

Phi=  40 Grad
s=  7.141 mm
Psi=  51.12 Grad
R=  26.77 mm
Beta= 31.1 Grad

Phi=  50 Grad
s= 11.283 mm
Psi=  60.36 Grad
R=  31.20 mm
Beta= 34.1 Grad

Phi=  60 Grad
s= 16.290 mm
Psi=  68.79 Grad
R=  36.06 mm
Beta= 33.4 Grad

Phi=  70 Grad
s= 20.889 mm
Psi=  76.30 Grad
R=  39.83 mm
Beta= 25.9 Grad

Phi=  80 Grad
s= 24.545 mm
Psi=  84.40 Grad
R=  42.92 mm
Beta= 19.2 Grad

Phi=  90 Grad
s= 27.258 mm
Psi=  92.88 Grad
R=  45.27 mm
Beta= 13.1 Grad

Phi= 100 Grad
s= 29.028 mm
Psi= 101.59 Grad
R=  46.82 mm
Beta=  7.4 Grad

Phi= 110 Grad
s= 29.855 mm
Psi= 110.42 Grad
R=  47.55 mm
Beta=  2.0 Grad
```

Farbanhang

Farb-Diagramm-Anhang

Die Diagramme liefern maßstabsgetreue Aussagen über Weg, Geschwindigkeit und Beschleunigung. Sie zeigen in anschaulicher Weise die Wirkung, die von der Änderung einzelner Parameter ausgeht.

Die Farbkennzeichnung ist folgendermaßen:

Weg oder Winkelweg in der Farbe blau;
Geschwindigkeit oder Winkelgeschwindigkeit in grün;
Beschleunigung oder Winkelbeschleunigung in rot.

Auf der x-Achse ist der Kurbelwinkel φ im Gradmaß aufgetragen.

Die Diagramme im einzelnen:

Diagramm 1: Schubkurbel nach Bild 5-1. Da $\ell/r = 15$ ein großer Wert für das Schubstangenverhältnis ist, erhält man einen fast sinusförmigen Verlauf von Kreuzkopfweg s, -geschwindigkeit v und -beschleunigung a.

Diagramm 2: Das Schubstangenverhältnis wurde auf $\ell/r = 2{,}5$ verringert. Die Bewegung im Bereich von $\varphi = 90^\circ$ bis $\varphi = 270^\circ$ wird gestreckt und die Beschleunigung in diesem Bereich verringert.

Diagramm 3: Mit $\ell/r = 1{,}5$ ist das Schubstangenverhältnis sehr gering. Der O-Durchgang der Bewegung ist in die Richtung des O.T. verschoben, die Beschleunigung bei U.T. ist wesentlich geringer als bei O.T.:
O.T. liegt bei Kurbelwinkel 0°
U.T. liegt bei Kurbelwinkel 180°.

Die Diagramme 4, 5 und 6 sind, um vergleichbar zu sein, mit gleichem Maßstab gezeichnet.

Diagramm 4: Geometrische Verhältnisse wie im Diagramm 2, jedoch in kleinerem Maßstab, um mit den Diagrammen 5 und 6 vergleichbar zu sein.

Diagramm 5: Kurbeltrieb wie im Bild 5-2 gezeichnet. Infolge der Exzentrizität ist der Weg (s) größer geworden. Die Bewegung von O.T. nach U.T. (ca. 220°) ist wesentlich gestreckter als die Rückbewegung.

Diagramm 6: Gleiche Eingabewerte wie bei Diagramm 5, jedoch mit negativem Wert für die Exzentrizität. Der Bewegungsablauf spiegelt sich infolgedessen an einer Senkrechten durch den Punkt $\varphi = 180^\circ$.

Die Diagramme 7, 8 und 9 geben die Bewegung einer schwingenden Kurbelschleife nach Bild 5-3 und 5-4 wieder.

Diagramm 7: Getriebeanordnung nach Bild 5-3. Es werden dargestellt: Die Winkelbewegung der Schwinge mittels β (B = blau), die Geschwindigkeit und die Tangentialbeschleunigung des Punktes C. Die Abwärtsbewegung beginnt bei einem Kurbelwinkel von etwa $\varphi = 45^\circ$ und endet bei ungefähr $\varphi = 315^\circ$.

Diagramm 8: Um den Unterschied von Abwärts- und Aufwärtsbewegung deutlicher darzustellen, ist das Diagramm 7 jetzt um einen Winkel von 45° verschoben gezeichnet. Die Abwärtsbewegung ist langgestreckt über ca. 270° Kurbelwinkel; die Aufwärtsbewegung geht sehr schnell vor sich.

Diagramm 9: Getriebe nach Bild 5-4. Getriebedaten wie bei Diagramm 7 und 8, jedoch zusätzlich Exzentrizität von $e = 20$ mm. Der Bewegungsablauf ist (gegenüber Diagr. 7) seitlich und höhenmäßig verschoben. Die Aufwärtsbewegung ist schneller, daher sind hier auch Geschwindigkeit und Beschleunigung größer als bei Diagr. 7.

Diagramm 10: Getriebe nach Bild 5-8, umlaufende Kurbelschleife. Der Antrieb läuft mit konstanter Winkelgeschwindigkeit. Die Antriebsbewegung ist durch den Winkel β (B = blau) gekennzeichnet. Infolge der relativ großen Exzentrizität ist der Abtrieb im Bereich von ca. 30° bis 160° ungleichförmig. Das führt zu Beschleunigungen in diesem Bereich.

Diagramm 11: Die Exzentrizität ist gegenüber Diagr. 10 erheblich geringer. Die Abtirebswinkelgeschwindigkeit ω (w = grün) ist weitgehend konstant.

Die *Diagramme 12 bis 15* stellen die Bewegungsvorgänge beim Maltesergetriebe dar.

Diagramme 13 und 14 haben gleiche Maßstäbe. Es wird deutlich, daß das 3-teilige ($T = 3$) Kreuz wesentlich höhere Winkelgeschwindigkeiten und Beschleunigungen aufweist als das 4-teilige Kreuz ($T = 4$, Diagr. 14).

Der Beschleunigungsprozeß am Bewegungsbeginn ($\varphi = 0$) im Verhältnis zur Maximalbeschleunigung ($\varphi = 30$ bis 40°) ist beim 4-teiligen Kreuz (Diagr. 12) erheblich kleiner als beim 8-teiligen Kreuz (Diagr. 15). Das heißt, je mehr Arme das Kreuz besitzt (größere T-Werte), umso relativ stärker macht sich der Beschleunigungsprozeß als Schlag im Getriebe beim Eingreifen der Kurbel bemerkbar.

Diagramm 1

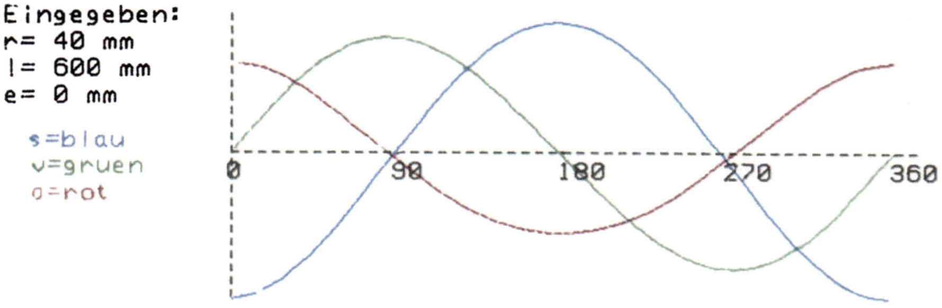

Diagramm 2

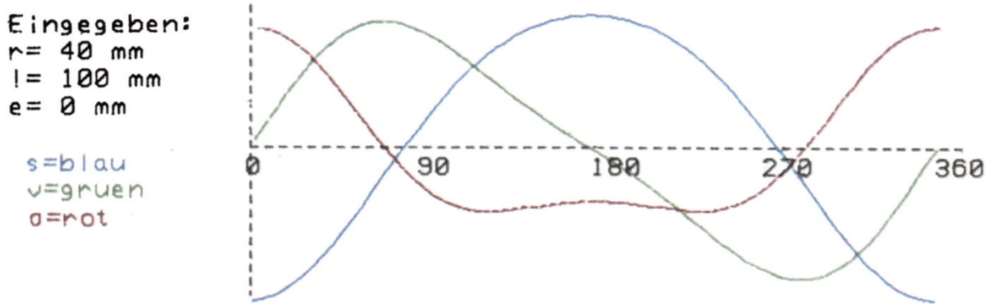

Diagramm 3

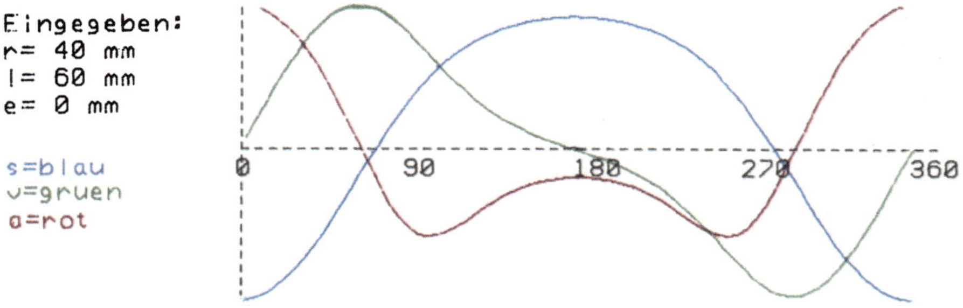

Diagramm 4

Eingegeben:
r= 40 mm
l= 100 mm
e= 0 mm

s=blau
v=gruen
a=rot

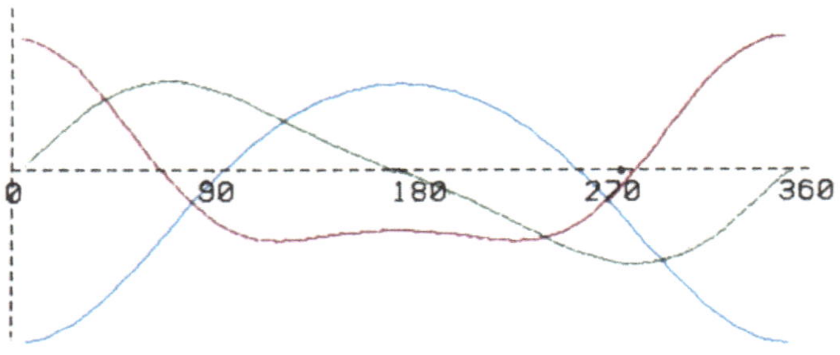

Diagramm 5

Eingegeben:
r= 40 mm
l= 100 mm
e= 40 mm

s=blau
v=gruen
a=rot

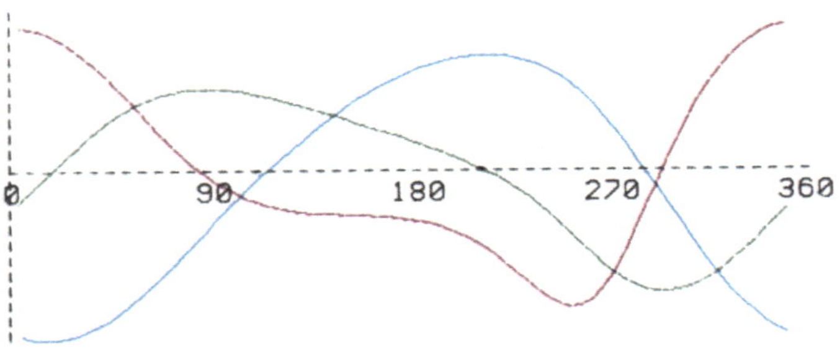

Diagramm 6

Eingegeben:
r= 40 mm
l= 100 mm
e=-40 mm

s=blau
v=gruen
a=rot

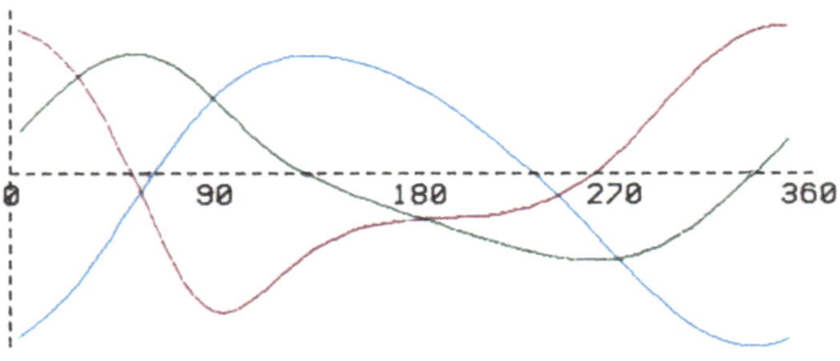

Diagramm 7

Eingegeben:
r= 50 mm
lo= 80 mm
R= 160 mm
e= 0 mm

B=blau
v=gruen
σ=rot

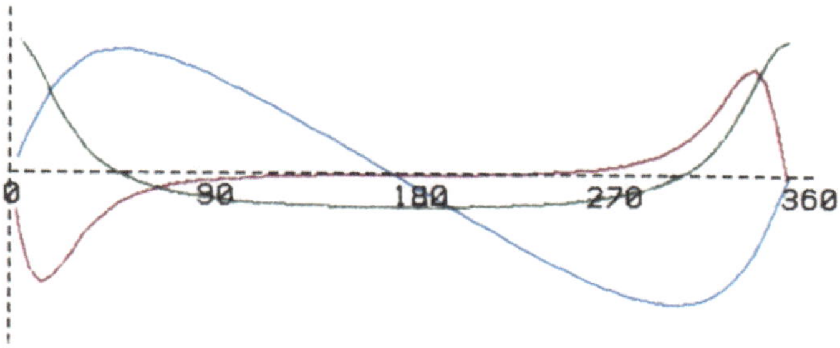

Diagramm 8

Eingegeben:
r= 50 mm
lo= 80 mm
R= 160 mm
e= 0 mm

B=blau
v=gruen
σ=rot

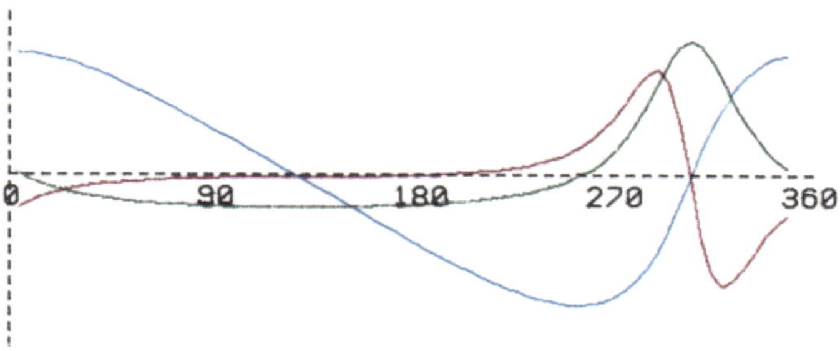

Diagramm 9

Eingegeben:
r= 50 mm
lo= 80 mm
R= 160 mm
e= 20 mm

B=blau
v=gruen
σ=rot

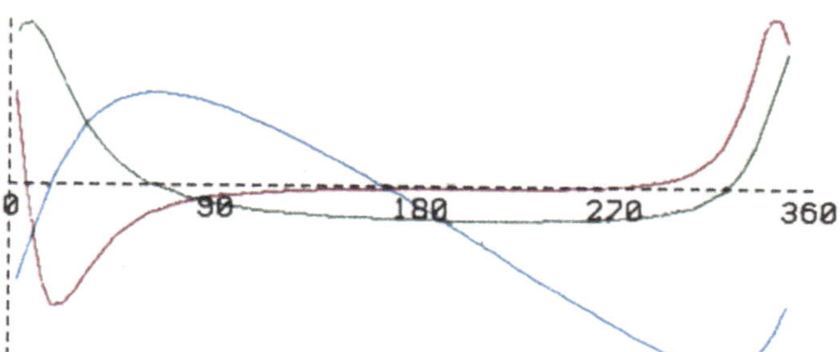

Diagramm 10

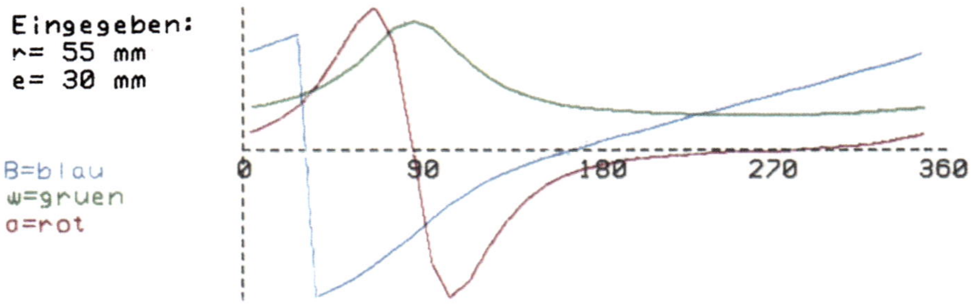

Diagramm 11

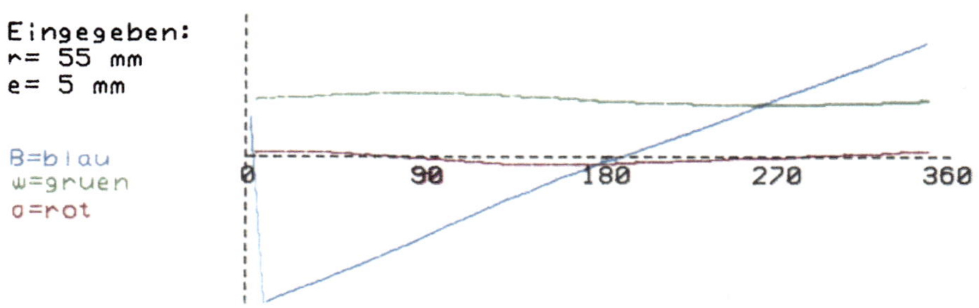

Diagramm 12

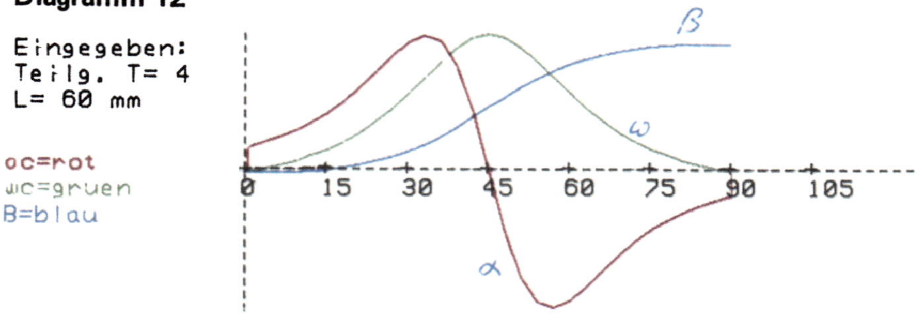

Diagramm 13

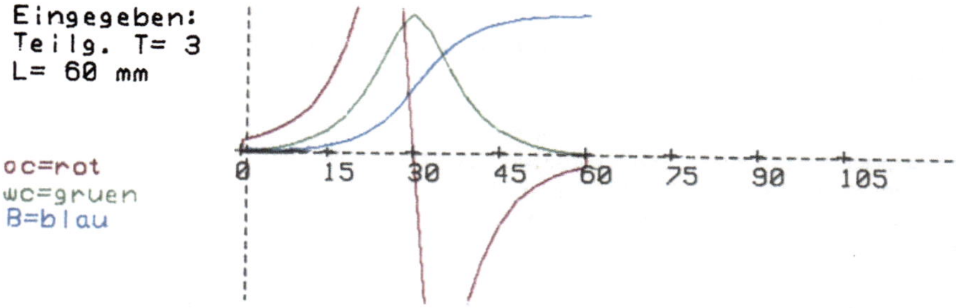

Diagramm 14

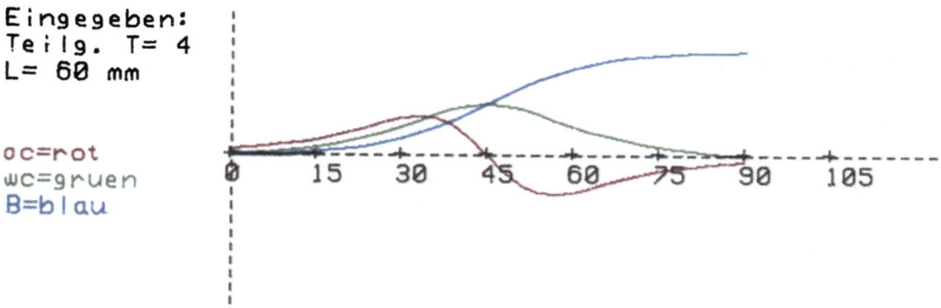

Diagramm 15

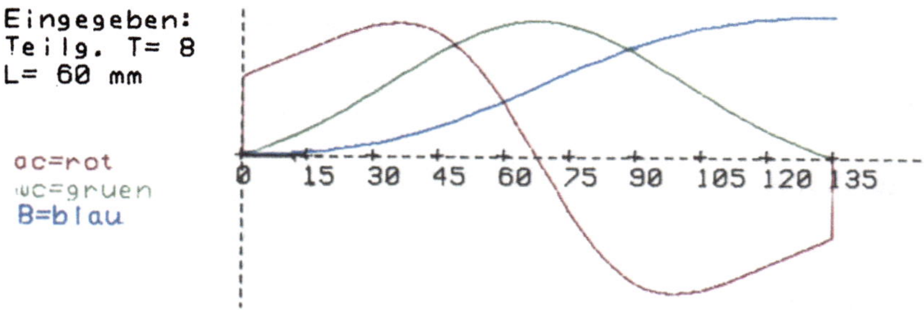

Programmverzeichnis

Sachwortverzeichnis

GPSR Compliance

The European Union's (EU) General Product Safety Regulation (GPSR) is a set of rules that requires consumer products to be safe and our obligations to ensure this.

If you have any concerns about our products, you can contact us on ProductSafety@springernature.com

In case Publisher is established outside the EU, the EU authorized representative is:

Springer Nature Customer Service Center GmbH
Europaplatz 3
69115 Heidelberg, Germany

Batch number: 10584556

Printed by Printforce, the Netherlands